高等学校“十一五”精品规划教材

输电线路测量操作指导书

窦书星　主编

内 容 提 要

本书共分三大部分：第一部分主要讲述了测量工具的使用维护和测量数据的记录要求；第二部分主要讲述了水准仪、经纬仪、全站仪、GPS的构造和使用，详细介绍了它们在输电线路测量中的使用过程和步骤；第三部分主要讲述了输电线路测量的现场练习。

本书内容深入浅出，涉及了输电线路测量中的各个环节，具有很强的现场操作性，对输电线路学习中的一些重点、难点进行了较为细致的阐述。

本书既可作为高等院校输电线路专业的实验教材，也可作为电力系统电力设计、施工部门的培训教材和输电线路测量爱好者的自学教材。

图书在版编目（CIP）数据

输电线路测量操作指导书/窦书星主编．一北京：中国水利水电出版社，2008（2024.4重印）
高等学校“十一五”精品规划教材
ISBN 978-7-5084-5375-0

Ⅰ．输…　Ⅱ．窦…　Ⅲ．输电线路测量-高等学校-教学参考资料　Ⅳ．TM75

中国版本图书馆CIP数据核字（2008）第032687号

书　　名	高等学校“十一五”精品规划教材 **输电线路测量操作指导书**
作　　者	窦书星　主编
出版发行	中国水利水电出版社 （北京市海淀区玉渊潭南路1号D座　100038） 网址：www.waterpub.com.cn E-mail：sales@mwr.gov.cn 电话：（010）68545888（营销中心）
经　　售	北京科水图书销售有限公司 电话：（010）68545874、63202643 全国各地新华书店和相关出版物销售网点
排　　版	中国水利水电出版社微机排版中心
印　　刷	天津嘉恒印务有限公司
规　　格	184mm×260mm　16开本　7.25印张　172千字
版　　次	2008年4月第1版　2024年4月第4次印刷
印　　数	8001—9000册
定　　价	**28.00**元

凡购买我社图书，如有缺页、倒页、脱页的，本社营销中心负责调换

前　言

随着输电线电压等级的不断提高，建设规模的日益扩大，输电线路测量越发显得重要。输电线路的建设离不开测量工作，测量工作的熟练性和测量结果的精确度等都直接影响到输电线建设的成败。

本书是结合教学研究和实践经验编制而成的，以作者多年的教学讲义为基础，对S3、SZ3、J6、J2测量仪器作了详细介绍，并根据现场需求增加了对新的仪器设备全站仪和GPS测量仪的介绍，强调了它们在输电线路设计施工和运行维护中的应用方法和步骤。本书共分三个部分：第一部分主要讲述了测量工具的使用维护和测量数据的记录要求；第二部分讲述了水准仪、经纬仪、全站仪、GPS定位仪器的构造和使用以及在输电线路测量中的详细使用过程和步骤；第三部分主要根据教学安排，为读者提供了现场测量的常见操作练习。

本书深入浅出，涉及输电线路测量中的各个环节，具有很强的现场操作性，对输电线路中的一些重点、难点进行了尤为细致的阐述。本书既可用作输电线路专业的实验教材，也可作为电力系统电力设计、施工部门的培训教材还可作为输电线路测量爱好者的自学教材。

鉴于时间和水平的限制，书中难免有谬误和不当之处，敬请广大读者批评指正，E－Mail：doushuxing@sina.com.cn，不胜感激。

编　者

2008年3月

前 言

编 者

目 录

第一章 测 量 须 知

测量仪器属于精密设备，使用时应该按照正确的使用方法，以免仪器受到意外的损伤；平时要注意维护和保养。

第一节 仪 器 的 安 装

（1）开箱前应将仪器箱放在平稳处，严禁托在手上或者抱在怀里；开箱时应将仪器箱放置平稳；开箱后，记清仪器在箱内安放的位置，以免用后无法按原样放回。

（2）安置三脚架，高度要适中，拧紧架腿固定螺旋后取仪器，先松开制动螺旋，握住仪器坚实部位，轻轻取出仪器放在三脚架上，双手不得同时离开仪器，应一手握着仪器，另一手立即拧紧脚架与仪器连接的中心螺旋（适度拧紧即可）；通过移动脚架或踩实脚架，使圆水准器大致居中；转动仪器时，应平稳转动，并有松紧感为妥。

（3）在斜坡上安置仪器时应注意将脚架的两条腿架在斜坡的下方，以防仪器倾倒。仪器应尽可能避免架设在交通道路上；仪器安置好后无论是否操作都必须有人看守，以防止无关人员搬弄或行人、车辆碰撞，并撑伞遮阳以免雨淋。

（4）切勿用手提望远镜，仪器取出后，应将干燥剂放在箱内，并立即关好箱子，以防止灰尘和湿气进入箱内，并严禁箱上坐人。

第二节 仪 器 的 使 用

（1）测量中应爱护仪器工具，携带仪器时，注意检查仪器箱是否扣紧、锁好，拉手和背带是否牢固，并注意轻拿轻放。

（2）使用仪器前，应仔细阅读该仪器的使用说明书，了解仪器的构造和各部件的作用及操作方法。

（3）使用仪器前后，应详细检查仪器状况及配件是否齐全。

（4）在仪器操作过程中，不得将两腿跨在脚架腿上，也不能将双手压在仪器或仪器脚架上。

（5）拧动仪器各部螺旋，要用力适当，不得过紧。转动仪器时，应先松开制动螺旋，再平稳转动；使用微动螺旋时，应先旋紧制动螺旋；未松开制动螺旋时，不得转动仪器或望远镜；微动螺旋不要转至尽头，以防失灵。调整垂直和水平微动螺旋或者整平螺旋时，应尽可能使之停留在螺丝长度的中间。

（6）在打开物镜时或在观测过程中，如发现灰尘，可用镜头纸或软毛刷轻轻拂去，严禁用手指或手帕等物擦拭镜头，以免损坏镜头上的镀膜。观测结束后应及时套好镜盖。

（7）在仪器发生故障时，如发现仪器转动不灵，或有异样声音，应立即停止工作，对仪器进行检查。

（8）对贵重和精密等特殊仪器，要特别注意，按规定的要求严格使用。

（9）仪器工具受损坏、损失时，要分析原因，以防下次发生同样的情况。

第三节 仪器的搬迁

（1）短距离平坦地面迁站时，可将仪器连同脚架一起搬迁。搬移时，先取下垂球（经纬仪），松开各制动螺旋使仪器保持初始位置后再拧紧，检查连接螺旋；收拢三脚架，左手握住仪器支架放在胸前，右手抱住脚架放在肋下，或双手抱脚架并贴肩，使仪器稍竖直，然后小步平稳前进。严禁斜扛仪器，以防碰摔。

（2）在行走不便的地区迁站或远距离迁站时，必须将仪器装箱之后再搬迁。仪器在运载工具上运输，应采取良好的防振措施。

（3）搬迁时，小组其他人员应协助观测员带走仪器箱和有关工具。

第四节 仪器的装箱

（1）每次使用仪器之后，应及时清除仪器上的灰尘及脚架上的泥土。

（2）仪器拆卸时，应先将仪器脚螺旋调至大致同高的位置，再一手扶住仪器，另一手松开连接螺旋，双手取下仪器。

（3）仪器装箱时，应保持原来的放置位置。先松开各制动螺旋，使仪器就位正确，小心将仪器放入箱内，如装不进去或合不上箱口，应查明原因再装，切不可强压箱盖，以防压坏仪器。装入箱后，盖好箱盖，扣上箱扣，最后上锁。

（4）清点所有附件和工具，防止遗失。

第五节 仪器的维护

（1）应避免阳光直接暴晒仪器，防止水准管破裂及轴系关系的改变，以免影响测量精度。

（2）望远镜的物镜、目镜上有灰尘时，不得用手、粗布、硬纸抹擦，要用软毛刷轻轻地拂去。仪器如在潮湿的环境下使用或被雨水淋湿，应在放入箱子前，彻底除湿，使仪器完全干燥。温度骤变会使镜头起雾，导致测程很短，甚至使用系统失灵，应将仪器外部用软布擦去水珠，将仪器连箱放置于温度适合处，直到仪器温度与室温一致为止，再将仪器放入箱内，以免光学零件发霉和脱膜。

（3）不用时放回箱内，宜放在通气、干燥，而且安全的地方。箱内应有适量的干燥剂，箱子应放在干燥、清洁、通风良好的房间内保管，以免受潮。

（4）具有数据储存功能的仪器，测试完毕后，应及时将数据传送到计算机设备上备份，以免数据意外丢失。

（5）电池驱动的全站仪和 GPS 仪器，若长时间不用，应取出电池，并定期进行充、放电维护，以延长电池的使用寿命。

第六节　其他测量工具的使用

（1）钢尺的使用。必须检验合格后方可使用；量距时，应防止扭曲、打卷、打结和折断，在留有 2～3 圈的情况下，用力不得过猛，以免将连接部分拉坏；防止行人踩踏或车辆碾压；携尺前进时，应将尺身提起，不得在地面和水中拖行，以防损坏刻画；用完后应将钢尺擦净、涂油，以防生锈。

（2）各种标尺、花杆的使用。应保持其刻画清晰，没有弯曲，不得用来扛抬物品、乱扔乱放和另作它用；水准尺放置地上时，尺面不得靠地；应注意防水、防潮，防止受横向压力，不能磨损尺面刻画的漆皮，不用时安放稳妥；使用塔尺时，还应注意接口处的正确连接，用后及时收回。

（3）测图板的使用。应注意保护板面，不得乱写乱扎，不能施以重压。

（4）小件工具。如垂球应保持形状对称，尖部锐利，不得在坚硬的地面上乱甩乱碰，测钎、尺垫、榔头、对讲机等的使用，应用完立即收回，防止遗失。

（5）一切测量工具都应保持清洁，专人保管搬运，不能随意放置，更不能作为捆扎、抬、担的它用工具。

第七节　测量资料的记录规则

测量记录是外业观测成果的原始记载和内业数据处理的依据。在测量记录或计算时必须严肃认真，一丝不苟。

（1）记录观测数据之前，应将记录表头的仪器型号、日期、天气、测站、观测者及记录者姓名等填写齐全。

（2）测量数据直接填写在规定的表格中，不得先用另纸记录，再行转抄。

（3）所有记录和计算须用 H 或 2H 铅笔书写，不得使用钢笔、圆珠笔或其他笔书写。书写字体应端正清晰，并书写在规定的格子内，格子上部应留出适当空隙，作错误更正之用。

（4）写错的数字用横线端正地划去，在其上方写出正确数字。严禁在原数据上涂改或用橡皮擦拭以及挖补。

（5）禁止连续更改数字，应将尊重原始、客观数据理解为职业道德之准则来遵守。观测的尾数原则上不得更改，如角度的分秒值，水准和距离的厘数和毫米数等。

（6）记录的数字应齐全，如水准中的 0.234 或 3.100，角度中的 3°04′06″或 3°20′00″，数字“0”不得随意省略。

（7）观测者要注意力集中、仔细认真，不要误读数据；记录者要及时、准确，记录者应将所记数字回报给观测者，以防听错记错。

(8) 每站观测结束后，必须在现场完成规定的计算和检核，确认无误后方可迁站。

(9) 数据运算应根据所取位数，按“4 舍 6 入，5 前单进双舍”的规则进行凑整。例如：1.4244m，1.4236m，1.4235m，1.4245m 这几个数据，若取至毫米位，则均应记为 1.424m。

(10) 记录应保持清洁整齐，所有应填写的项目都应填写齐全。

第二章　水准仪的应用

第一节　水准仪的结构和功能

一、了解水准仪结构和功能的目的

（1）熟练掌握水准仪各部分结构、名称和功能。
（2）练习水准仪的安置、粗平、瞄准、精平与读数。
（3）掌握高差和高程的计算方法。

二、器材与用具

测量时所用的主要工具有

每小组一台水准仪（附三脚架）。

三、DS3 和 DSZ3 的主要内容

1. DS3 型水准仪

掌握 DS3 型仪器的技术参数、结构、功能。如图 2－1 所示。

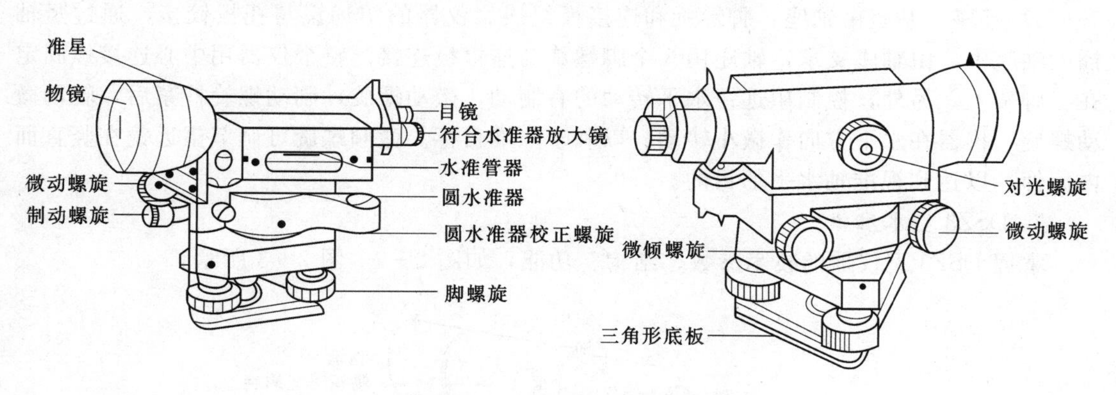

图 2－1　DS3 型水准仪结构图

DS3 型微倾式水准仪主要由望远镜、水准器、基座等组成。

（1）望远镜。望远镜具有成像和扩大视角的功能，是测量仪器观测远目标的主要部件。其作用是看清不同距离的目标和提供照准目标的视线。

望远镜由物镜、调焦透镜、十字丝分划板、目镜等组成。物镜、调焦透镜、目镜为复合透镜组，分别安装在镜筒的前、中、后三个部位，三者共光轴组成一个等效光学系统。

通过转动调焦螺旋，调焦透镜沿光轴在镜筒内前后移动，改变等效光学系统的主焦距，从而可看清不同远近的目标。

十字丝分划板为一平板玻璃，上面刻有相互垂直的细线，称为十字丝。中间一条横线称为中丝或横丝，上、下对称且平行于中丝的短线称为上丝和下丝，上、下丝统称视距丝，用来测量距离。竖向的线称竖丝或纵丝。十字丝分划板压装在分划板环座上，通过校正螺丝套装在镜筒内，位于目镜与调焦透镜之间，它是照准目标和读数的标志。物镜光心与十字丝交点的连线称望远镜视准轴，用C－C表示，为望远镜照准线。

(2) 水准器。水准器有圆水准器和管水准器之分，用来标示仪器竖轴是否铅直，视准轴是否水平。

1) 圆水准器。圆水准器是一圆柱形的玻璃盒嵌装在金属框内而成的，玻璃盒顶面内壁是个球面，球面中央刻有一小圆圈，它的圆心 O 为圆水准器的零点，通过零点 O 和球心的直线即通过零点 O 的球面法线，称为圆水准器轴 L1－L1。当气泡居中时，圆水准器轴 L1－L1 处于铅垂位置。

2) 管水准器。管水准器又称水准管或长水准器，由圆柱状玻璃管制成，其内壁被研磨成较大半径的圆弧，管内注满酒精或乙醚，加热封口冷却后形成气泡。管面刻有间隔为2mm 的分画线，分画线的中点 O 称为水准管零点，过零点作圆弧的纵切线，称为水准管轴 L2－L2，当水准管气泡居中时，水准管轴处于水平位置。

为了提高水准管气泡居中的精度和速度，水准管上方安装了一套符合棱镜系统，将气泡同侧两端的半个气泡影像反映到望远镜旁的观察镜中。当气泡不居中时，两端气泡影像相互错开；转动微倾螺旋（左侧气泡移动方向与螺旋转动方向一致），望远镜在竖直面内倾斜，使气泡影像相吻合形成一光滑圆弧，表示气泡居中。这种水准器称为符合水准器。

3) 基座。基座由轴座、脚螺旋和连接板组成。仪器的望远镜与托板铰接，通过竖轴插入轴座中，由轴座支承，轴座用 3 个脚螺旋与连接板连接。整个仪器用中心连接螺固定在三脚架上。另外，控制望远镜水平转动的有制动、微动螺旋，制动螺旋拧紧后，转动微动螺旋，仪器在水平方向作微小转动，以利于照准目标。微倾螺旋可调节望远镜在竖直面内俯仰，以达到视准轴水平的目的。

2. DSZ3 型水准仪

掌握 DSZ3 型仪器的技术参数、结构、功能，如图 2－2、图 2－3 所示。

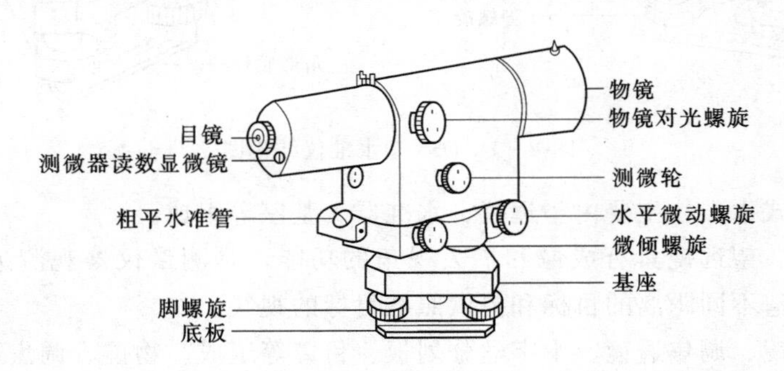

图 2－2　DSZ3 型水准仪结构图

DSZ3 自动安平水准仪如图2－2所示。其外形小巧美观，结构比 DS3 紧凑，但构造原理基本一致。区别主要在于 DSZ3 仪器没有管水准器，而是在仪器内部安装了悬吊直角棱镜，如图 2－4 所示。悬吊直角棱镜借助自身重力起到补偿作用，可提高测量精度和工作效率及避免出差错。

为检查悬吊直角棱镜是否正常工作，在仪器表面一般有补偿器检查按钮，它与直角棱镜相连。读数时按动按钮，稳定后读数应该不变；否则，说明悬吊直角棱镜已坏，没有了补偿功能。如图 2－3 所示。

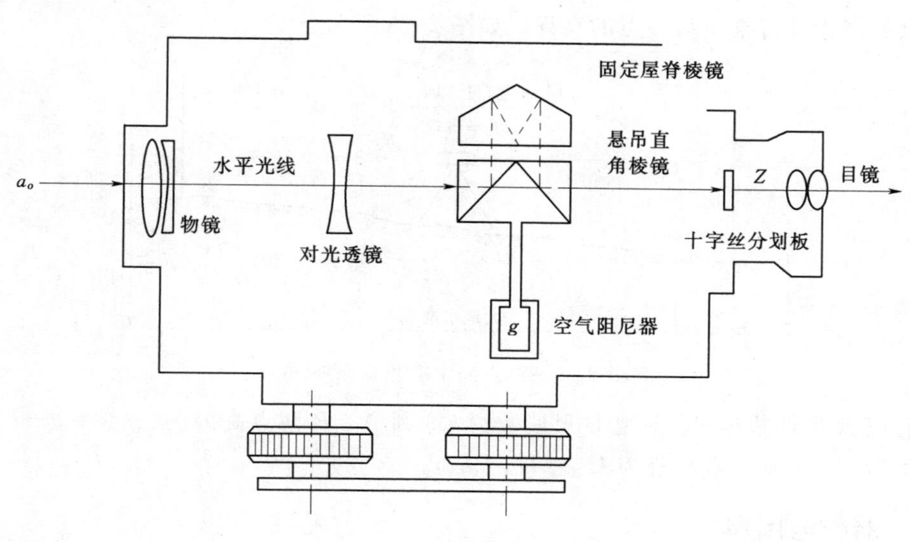

图 2－3　DSZ3 内部结构图

3．两种水准仪的使用

（1）掌握两种仪器构造和使用的优缺点。

使用时 DS3 需要调整微倾螺旋，使水准管气泡居中，从而光线水平再进行读数。而 DSZ3 在粗平瞄准目标后，即可读数。虽然视准轴不水平，但由于直角棱镜被悬吊，它在重力作用下会摆动至平衡位置，通过透镜的边缘部分折射，光线经过悬吊直角棱镜后即成水平线，从而保证结果正确。如图 2－4 所示。

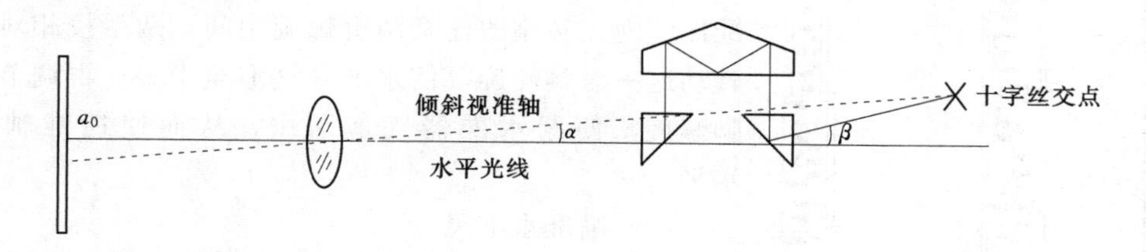

图 2－4　DSZ3 悬吊直角棱镜工作图

（2）了解目前最新仪器的名称、结构和使用方法。

如各种电子水准仪器。

（3）使用中两种仪器的共同点和不同点。

第二节　两点间的水准测量

一、测量原理

在两个被测点上竖立水准尺，然后在两点之间取一个合适的位置安置水准仪，利用水准仪的水平视线读取两点处水准尺上的刻度值，它们的差值，即为两点的高差。如果已知其中一点的高程即可推出另一点的高程。如图 2－5 所示。

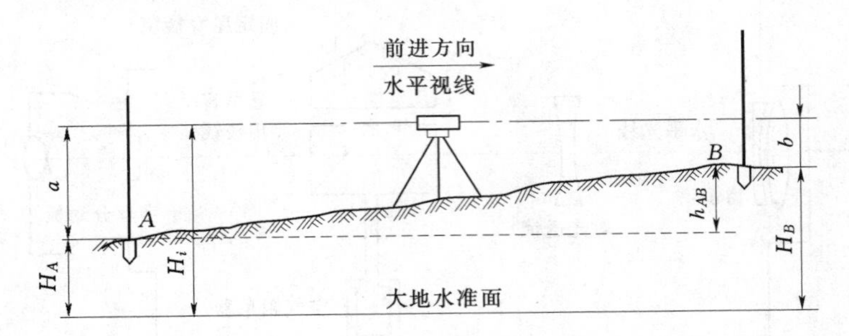

图 2－5　两点间水准测量原理图

设后视 A 尺读数为 a，前视 B 尺读数为 b。则 A、B 两点高差为：$h_{AB}=a-b$ 如已知 A 点高程为 H_A，则 B 点高程为 $H_B=H_A+h_{AB}$。

二、器材与用具

测量时所用的工具主要有水准仪、水准尺、记录本、计算器、铅笔等。

三、测量步骤

测量从具体步骤如图 2－5 所示。

(1) 安置水准仪：在 AB 连线约中点处，打开三脚架，高度适中，架头大致水平，脚架腿安置稳固，拧紧脚架伸缩螺旋，用连接螺旋将水准仪牢固地连在三脚架头上。

(2) 粗略整平：松开制动螺旋，转动望远镜使圆水准器气泡在基座的任意两脚螺旋中间，两手按相对方向转动这一对脚螺旋，使水准管气泡至中央。再调节 3 个脚螺旋，使圆水准器气泡居中，从而使视准轴粗略水平。

(3) 瞄准水准尺：

1) 目镜对光：转动目镜对光螺旋，使十字丝清晰。

2) 大致瞄准：使望远镜筒上的照门和准星成一线，用以瞄准 A 点处水准尺，瞄准后拧紧制动螺旋。水准尺形状如图 2－6 所示。

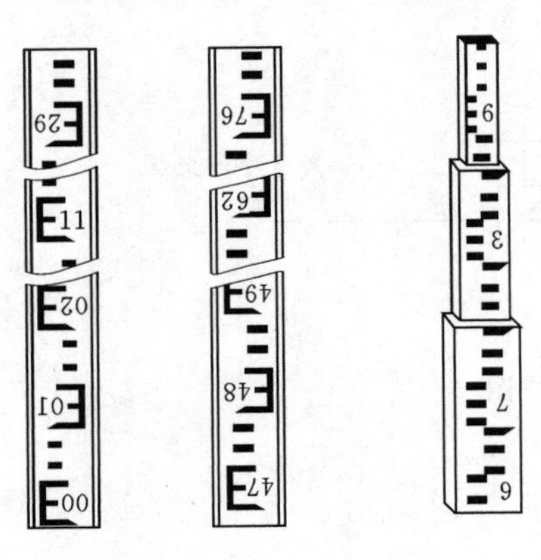

图 2－6　水准尺结构图

3) 物镜对光：转动物镜对光螺旋进行对光，使目标清晰。

4）精确照准：转动微动螺旋，使竖丝对准 A 处水准尺。为了清晰，可使十字丝竖丝瞄准水准尺中央或边缘。

5）消除视差：当眼睛在目镜端上下微微移动时，若发现十字丝与 A 处水准尺影像有相对运动，这种现象称为视差。消除的方法是重新仔细地进行物镜对光。

（4）精平与读数：转动微倾螺旋，使气泡两端的像吻合（即吻合成一条抛物线），如图 2－7所示。用十字丝的中丝在 A 处水准尺上读数。读数 a 以 m 为单位，毫米位估读，总共四位数。

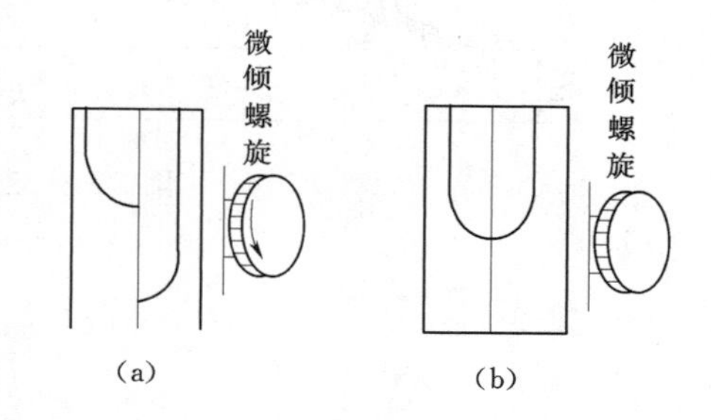

图 2－7　水准管气泡精平前后图
（a）精平前水准管气泡；（b）精平后水准管气泡

注意，精平和读数虽是两项不同的操作步骤，但在水准测量的实施过程中，却把两项操作视为一个整体。精平后要马上读数，读数前一定要精平。读数后还要检查管水准气泡是否完全水平。

（5）数据记录：测量后，将后视读数 a 填入表 1－1。

（6）前视读数的测量：松开制动螺旋，旋转望远镜瞄准 B 处水准尺，然后按前 5 个步骤进行，并将测量数据 b 填入表 1－1。

（7）计算高差：假定此处 B 点水准尺读数 b 为 0.785m，读数 a 为 1.583m，则

$$h_{ab}=1.583-0.785=0.798\ (\mathrm{m})$$

如 $H_A=73.402$m，则 $H_B=73.402+0.798=74.200$（m），如表 2－1 所示。

表 2－1　　**两点间水准测量高差记录表**　　单位：m

测站	点号		后视读数 a	前视读数 b	高差 +	高差 －	高程	备注
1	后	A	1.583	0.785	0.798		73.402	A 点高程已知
	前	B					74.200	

第三节　连续的水准测量

一、测量原理

实际水准测量中，A、B 两点间高差较大或相距较远，安置一次水准仪不能测定两点之间的高差。此时需要沿 A、B 的水准路线增设若干个必要的临时立尺点，即转点 TP（用作传递高程）。根据水准测量的原理依次连续地在两个立尺中间安置水准仪来测定相邻各点间高差，求和得到 A、B 两点间的高差值，如图 2－8 所示。

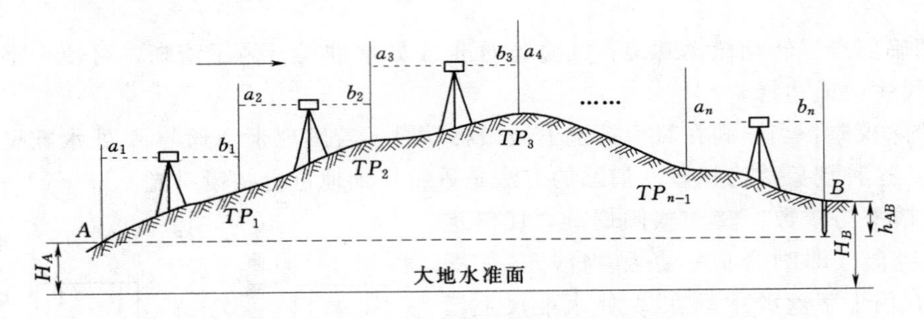

图 2-8 连续水准测量原理图

$$h_1=a_1-b_1$$
$$h_2=a_2-b_2$$
$$\vdots$$
$$h_n=a_n-b_n$$

则 $$h_{AB}=h_1+h_2+\cdots+h_n=\sum h=\sum a-\sum b$$

二、器材与用具

测量时所用的工具主要有水准仪、水准尺、尺垫、记录本、计算器、铅笔等。

三、测量步骤

测量步骤如图 2-8 所示，设 $n=4$。

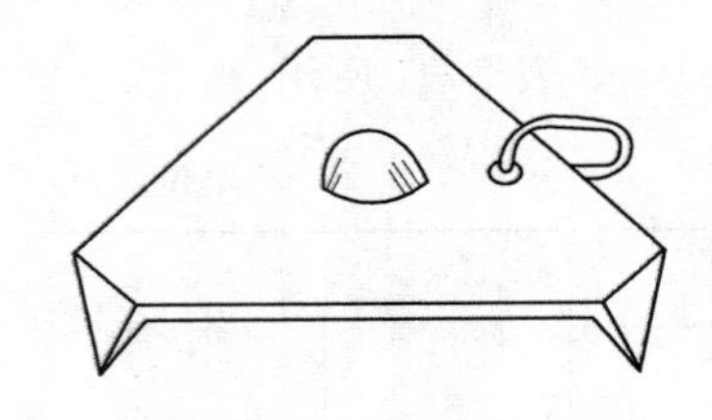

图 2-9 尺垫结构图

(1) 安置水准仪。在 A 和 TP_1 点间安置，为“测站 1”。

(2) 粗略整平。

(3) 瞄准水准尺。中转点处水准尺要安置尺垫，以便后视、前视读数精确。尺垫形状如图 2-9 所示。

(4) 精平与读数。将读到的 a_1 值填入表 2-2。

(5) 数据记录。如表 2-2 所示。

(6) 前视读数的测量。将读到的 b_1 值填入表 2-2。

(7) 在 TP_1 和 TP_2 间安置水准仪。为“测站 2”。重新进行粗略整平、瞄准水准尺（TP_1 点）、精平与读数（TP_1 点 a_2 读数）、数据记录和前视读数的测量（TP_2 点 b_2 读数）等步骤，并将 a_2、b_2 值填入表 2-2。

(8) 在 TP_2 和 TP_3 间安置水准仪。为“测站 3”。同理可得 a_3 和 b_3 并填入表 2-2。

(9) 在 TP_3 和 B 间安置水准仪。为“测站 4”。同理，可得 a_4 和 b_4 并填入表 2-2。

(10) 计算高差并填入表 2-2。

设 $$a_1=1.583\text{m},\ b_1=0.785\text{m}$$
$$a_2=1.329\text{m},\ b_2=0.872\text{m}$$
$$a_3=1.201\text{m},\ b_3=0.931\text{m}$$
$$a_4=0.210\text{m},\ b_4=1.901\text{m}$$

则 $$h_1=1.583-0.785=0.798\ (\text{m})$$

$$h_2 = 1.329 - 0.872 = 0.457\ (\text{m})$$
$$h_3 = 1.201 - 0.931 = 0.270\ (\text{m})$$
$$h_4 = 0.210 - 1.901 = -1.691\ (\text{m})$$

如 $H_A = 73.402\text{m}$，则 $H_B = 73.402 + 0.798 + 0.457 + 0.270 + (-1.691) = 73.236\ (\text{m})$。

表 2-2　　连续水准测量高差记录表　　单位：m

测站	点号		后视读数 a	前视读数 b	高差 +	高差 −	高程	备注
1	前	A	1.583	0.785	0.798		73.402	A 点高程已知
	后	TP_1					74.200	
2	前	TP_1	1.329	0.872	0.457		74.200	
	后	TP_2					74.657	
3	前	TP_2	1.201	0.931	0.270		74.657	
	后	TP_3					74.927	
4	前	TP_3	0.210	1.901		1.691	74.927	
	后	B					73.236	
检核Σ	$\sum a = 1.583 + 1.329 + 1.201 + 0.210 = 4.323$ $\sum b = 0.785 + 0.872 + 0.931 + 1.901 = 4.489$				$\sum h_+ = 0.798 + 0.457 + 0.270 = 1.525$ $\sum h_- = 1.691$			
	$\sum a - \sum b = 4.323 - 4.489 = -0.166$				$\sum h = \sum h_+ - \sum h_- = 1.525 - 1.691 = -0.166$			

B 点对 A 点的高差等于后视读数之和减去前视读数之和，也等于各转点之间高差的代数和，因此，此式可用来作为计算的检核。

第四节　水准测量的实施

一、器材与用具

测量时所用的工具主要有水准仪、水准尺、尺垫、钢筋混凝土桩（或石料桩）、油漆、记录本、计算器、铅笔等。

二、水准测量实施的原理

“连续水准测量”中 B 点对 A 点的高差可用计算来检核。但计算检核只能检查计算是否正确，不能检核观测和记录时是否产生错误。“水准测量的实施”则通过实施适当的水准路线，运用“成果检核”来对测量过程进行检核。

1. 水准测量路线的形式

（1）闭合水准路线：从一个已知高程的水准点 BM_1 开始，沿一条环形路线进行水准测量，最后又回到该点。如图 2-10 所示。

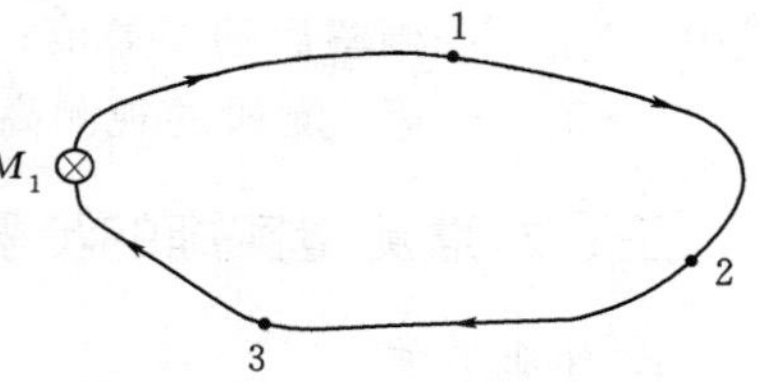

图 2-10　闭合水准路线示意图

（2）符合水准路线：由一已知高程的水准点 BM_1

开始，沿一条路线进行水准测量，最后连测到另一个已知高程的水准点 BM_2 上。如图 2－11 所示。

（3）支水准路线：从一个已知高程的水准点 BM_1 开始，沿一条路线进行水准测量，既不回到起点，又不符合到另一个水准点上。支水准路线应往返测量。如图 2－12 所示。

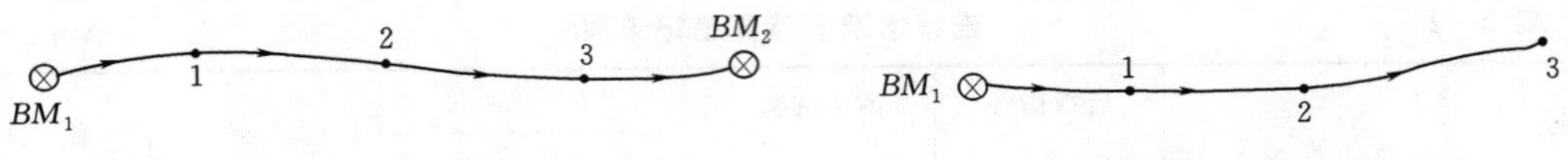

图 2－11　符合水准路线示意图　　　图 2－12　支水准路线示意图

2. 高差闭合差 f_h 的调整

（1）高差闭合差 f_h 的概念：

1）闭合水准路线，即 $\sum h_{理论}=0$，实际上 $\sum h_{测}\neq 0$，则 $f_h=\sum h_{测}\neq 0$。

2）符合水准路线，从 $BM_1\rightarrow BM_2$，理论上观测高差闭合总合 $\sum h_{理论}=H_{BM_2}-H_{BM_1}\neq 0$，则 $f_h=\sum h_{测}-(H_{BM_2}-H_{BM_1})$。

3）支水准路线，理论上 $|h_{往}|=|h_{返}|$，而实际上 $|h_{往}|\neq|h_{返}|$，

则 $f_h=|h_{往}|-|h_{返}|$。

（2）高差闭合差的允许精度 $f_{h允}$：

1）等外水准测量：$f_{h允}=\pm 40\sqrt{\sum L}$ mm　或　$f_{h允}=\pm 10\sqrt{\sum n}$ mm。

2）四等水准测量：$f_{h允}=\pm 20\sqrt{\sum L}$ mm　或　$f_{h允}=\pm 6\sqrt{\sum n}$ mm。

3）三等水准测量：$f_{h允}=\pm 12\sqrt{\sum L}$ mm　或　$f_{h允}=\pm 4\sqrt{\sum n}$ mm。

式中　$\sum L$——线路总长度，km；

$\sum n$——总测站数。

（3）高差闭合差 f_h 的调整。在同一条水准路线上，假设观测条件是相同的，可认为各站（或每公里）产生的误差机会是相同的，故闭合差的调整按与测站数（或公里数）成正比反符号分配的原则进行。高差改正数为

$$\Delta h_i=-\frac{f_h}{\sum L}L_i \quad 或 \quad \Delta h_i=-\frac{f_h}{\sum n}n_i \tag{2-1}$$

式中　Δh_i——第 i 测段观测高差的改正数；

L_i——第 i 测段的路线长；

n_i——第 i 测段的测站数。

调整后的高差（改正高差）：

$$h_{改i}=h_i+\Delta h_i \tag{2-2}$$

式中　$h_{改i}$——调整后的高差值；

h_i——第 i 测段的观测高差。

三、水准测量实施的步骤

1. 外业工作

（1）埋设水准点：水准点（Bench Mark），简记为 BM。用钢筋混凝土桩（或石料桩）

埋设，点位处涂上油漆。

（2）拟定水准路线：根据待定高程点的位置，拟订合适的水准路线。如图 2-13 所示，要测 1、2 点高程，埋设好了 BM_1 点。根据现场情况拟定的为闭合水准路线。

（3）观测、记录并计算。具体的观测情况如图 2-13 所示，记录及计算如表 2-3 所示。

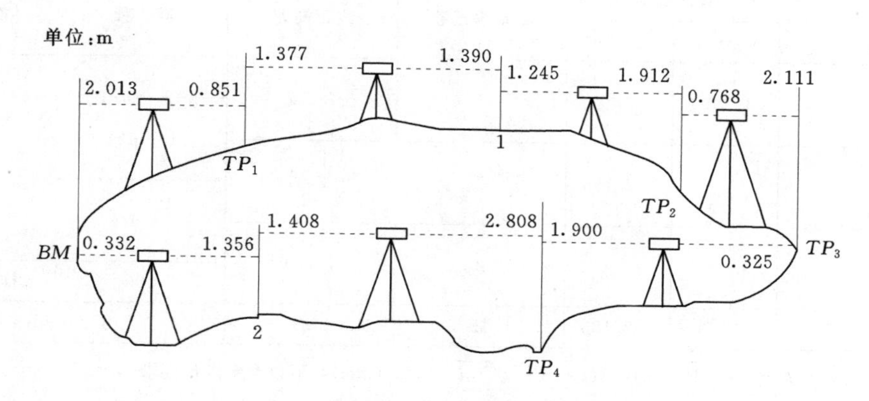

图 2-13 闭合水准路线测量示意图

表 2-3 **水准测量记录表** 单位：m

测站	测站点		后视读数 a	前视读数 b	高差 +	高差 −	高程	备注
1	前	BM	2.013	0.851	1.162		100	
	后	TP_1						
2	前	TP_1	1.377	1.390		0.013		
	后	1						
3	前	1	1.245	1.912		0.667		
	后	TP_2						
4	前	TP_2	0.768	2.111		1.343		BM 高程已知为 100m
	后	TP_3						
5	前	TP_3	0.325	1.900		1.575		
	后	TP_4						
6	前	TP_4	2.808	1.408	1.400			
	后	2						
7	前	2	1.356	0.332	1.024			
	后	BM						
计算检核	Σ		$\Sigma a=9.892$ $\Sigma b=9.904$		$\Sigma h_+=3.586$ $\Sigma h_-=3.598$			
			$\Sigma h=\Sigma a-\Sigma b=-0.012$		$\Sigma h=\Sigma h_+-\Sigma h_-=-0.012$			

2. 内业工作

外业结束后，不能作为水准的测量成果，根据测量结果必须进行内业计算。

（1）先根据外业的观测高差计算高差闭合差。

（2）当高差闭合差符合规定的要求时，再调整该闭合差，以求改正高差。

（3）最后计算待定点的高差（或高程）。如表 2-4 所示。

表 2-4　　水准测量成果分配表　　单位：m

点号	测站数	观测高差		高差改正数	改正高差	高　程	备　注
		+	−				
BM						100	已知高程
	2	1.149		3	1.152		
1						101.152	
	4		−2.185	7	−2.178		
2						98.974	
	1	1.024		2	1.026		
BM						100	推算高程
Σ	7	2.173	−2.185	12	0		
辅助计算	$f_h=-0.012$（m），$f_{h允}=\pm 6\sqrt{\sum n}=15.8$（mm），所以测量满足要求（此处按四等水准测量精度要求）						

第三章　经纬仪的应用

第一节　经纬仪的结构和功能

一、了解经纬仪的结构和功能的目的

（1）掌握经纬仪各部分结构、名称和功能。

（2）练习经纬仪的安置、粗平、瞄准、精平。

（3）练习经纬仪水平度盘，竖直度盘的读数方法。

二、器材与用具

测量所用的工具主要有 DJ6 经纬仪、花杆、记录本、计算器、铅笔等。

三、DJ6 和 DJ2 的主要内容

（1）掌握 DJ6 型仪器的技术参数、结构、功能。DJ6 型经纬仪结构图如图 3－1 所示。

（2）掌握 DJ6 型仪器的读数方法，如图3－2所示。

（3）了解 DJ2 型仪器的技术参数、结构、功能。DJ2 型经纬仪结构图如图 3－3 所示。

（4）了解 DJ2 型仪器的读数方法。

（5）掌握两种仪器构造和使用的优缺点。

（6）了解当前最新仪器的名称、结构和使用方法。

1. DJ6 型光学经纬仪

由照准部、水平度盘和基座三大部分组成。

（1）照准部。由望远镜、竖直度盘、读数显微镜和照准部水准管等部分组成。

1）望远镜。用来照准目标，它固定在横轴上，绕轴而俯仰，可利用望远镜制动螺旋和微动螺旋控制器俯仰转动。

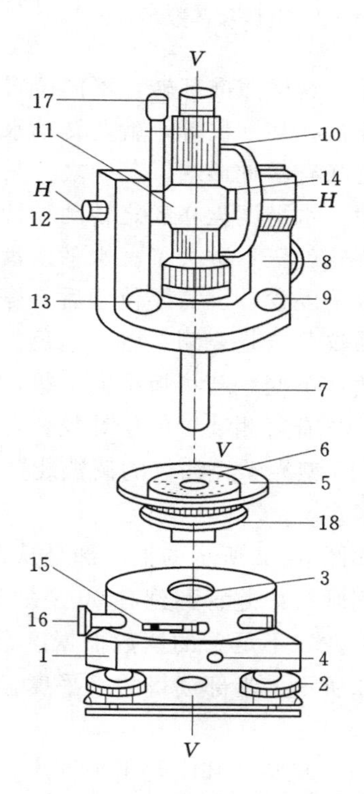

图 3－1　DJ6 型经纬仪结构图

1—基座；2—脚螺旋；3—竖轴轴套；4—固定螺旋；5—水平度盘；6—度盘轴套；7—旋转轴；8—支架；9—竖盘水准管微动螺旋；10—望远镜；11—横轴；12—望远镜制动螺旋；13—望远镜微动螺旋；14—竖直度盘；15—水平制动螺旋；16—水平微动螺旋；17—光学读数显微镜；18—复测盘

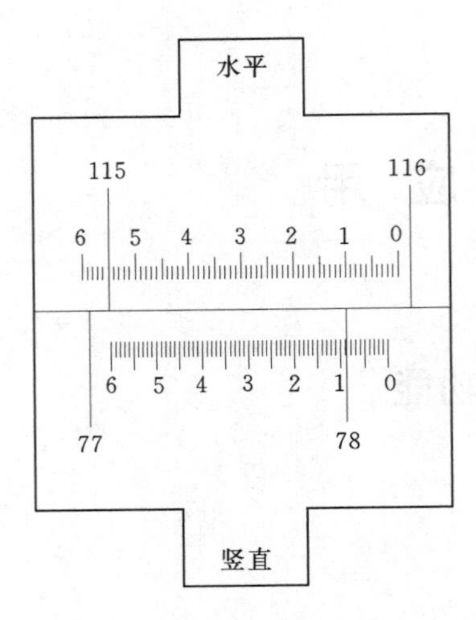

图 3-2 分微尺读数示意图

2）竖直度盘。用光学玻璃制成，用来测量竖直角度。

3）读数显微镜。用来读取水平度盘和竖直度盘的读数。

4）照准部水准管。用来置平仪器，使水平度盘处于水平位置。

（2）水平度盘。

1）水平度盘。它是用光学玻璃制成的圆环。在度盘上按顺时针方向刻有 0°到 360°的划分，用来测量水平角度。在度盘的外壳附有照准部制动螺旋和微动螺旋，用来控制照准部与水平度盘的相对转动。当关紧制动螺旋时，照准部与水平度盘连接，这时如转动微动螺旋，则照准部相对于水平度盘做微小的转动；若松开制动螺旋，则照准部绕水平度盘旋转。

2）水平度盘转动的控制装置。测角度时水平度盘是不动的，这样照准部转至不同位置，可以在水平度盘上读数求得角度值。但有时需要设定水平度盘在某一位置，就要转动水平度盘。控制水平度盘的装置有两种。一是位置变动手轮，它又有两种形式。其中之一是度盘变换手轮，使用时拔下保险手柄，将手轮推压进去并转动，水平度盘亦随之转动，待转至需要位置后，将手松开，手轮退出，再上拨保险手柄，手轮就压不进去了。水平度盘变换手轮的另一种形式是使用时拔开护盖，转动手轮，待将水平度盘转至需要位置后，停止转动，再盖上护盖。具有以上装置的经纬仪，称为方向经纬仪。二是复测装置。当负责装置的扳手拔下时，读盘与照准部扣在一起同时转动，读盘读数不变。若将扳手向上拔，则两者分离，照准部转动时水平度盘不动，读数也随之改变。具有复测装置的经纬仪，称为复测经纬仪。

DJ6 型光学经纬仪的读数装置可分为分微尺测微器和单平行玻璃测微器两种，其中以前者居多。

如图 3-2 所示的上半部是从读数显微镜中看到的水平度盘的像，只看到 115°和 116°两根刻画线，并看到刻有 60 个划分的分微尺。读数时，读取度盘刻画线落在分微尺内的那个读数，不足 1°的读数根据度盘刻图画线在分微尺上的位置读出，并估读到 0.1′。如图3-2所示上半部读得的水平度盘的读数为 115°54.0′；下半部是竖直度盘的成像，读数为 78°6.5′。

（3）基座。基座是用来支承整个仪器的底座，用中心螺旋与三脚架相连接。基座上备有 3 个脚螺旋，转动脚螺旋，可使照准部水准管气泡居中，从而可使水平度盘处于水平位置，亦即仪器的竖轴处于铅锤位置。

2. DJ2 型光学经纬仪

随着建设工程项目的高度及规模增大，工程测量中角度测量的精度逐渐在提高，DJ2 级光学经纬仪有取代 DJ6 级光学经纬仪的趋势，如图 3-3 所示，为 DJ2 型经纬仪外貌。

在结构上，除望远镜的放大倍数稍大（30 倍），照准部水准管灵敏度较高（分划值为

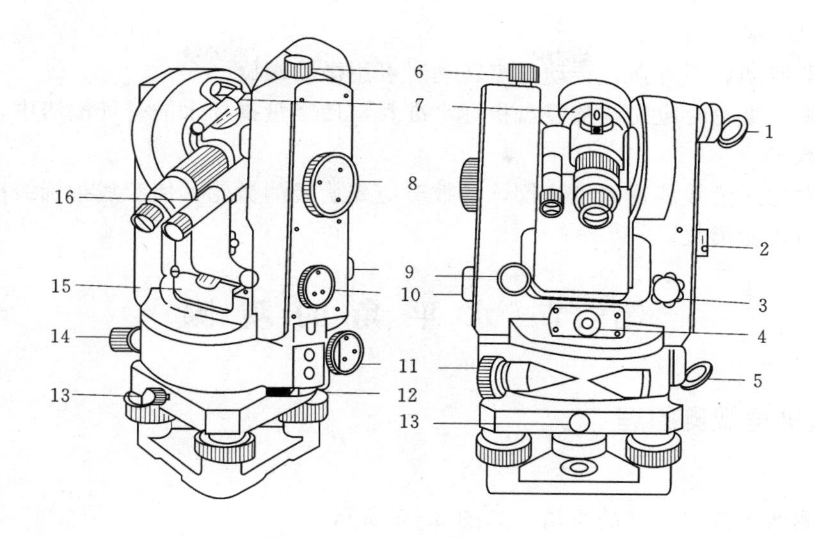

图 3-3 DJ2 型经纬仪结构图

1—竖盘照明镜；2—竖盘水准管观察镜；3—竖盘水准管微动螺旋；4—光学对中器；5—水平度盘照明镜；6—望远镜制动螺旋；7—光学瞄准器；8—测微轮；9—望远镜微动螺旋；10—换像手轮；11—照准部微动螺旋；12—水平度盘变换手轮；13—纵轴套固定螺旋；14—照准部制动螺旋；15—照准部水准管（水平度盘水准管）；16—读数显微镜

20″/2mm）、度盘格值更精细外，主要表现为读数设备的不同。DJ2 级光学经纬仪的读数设备有如下两个特点：

（1）DJ6 级光学经纬仪采用单指标读数，受度盘偏心的影响。DJ2 级经纬仪采用对径重合读数法，相当于利用度盘上相差 180°的两个指标读数并取其平均值，可消除度盘偏心的影响。

（2）DJ2 级光学经纬仪在读数显微镜中只能看到水平度盘或竖直度盘中的一种，读数时，必须通过转动换像手轮，选择所需要的度盘影像。

DJ2 读数方法，如图 3-4 所示，瞄准目标后调节经纬仪上的测微轮（此时照准部已固定），使度盘正倒像精确吻合。首先从读数窗中读取整度数 74；再从分读数的十位和个位得到整分数 47；最后从秒读数的十位和分画线得到秒的整数值及估计值 16.0″；最终读数即为74°47′16.0″。显然，DJ2 经纬仪读数可以精确到 1″，而 DJ6 则是 1′。

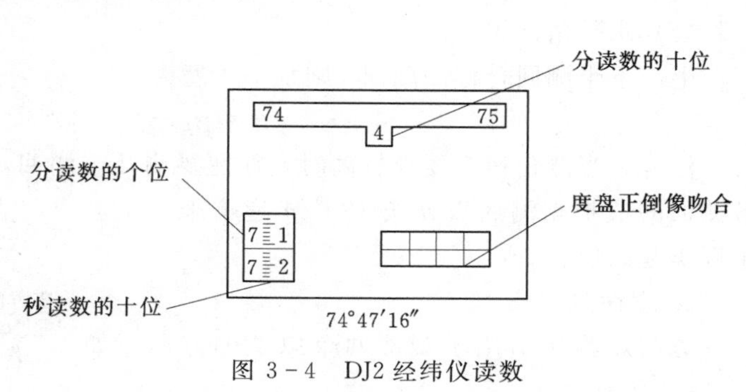

图 3-4 DJ2 经纬仪读数

四、注意事项

（1）仪器安置：垂球对中误差应小于 3mm，光学对点器对中误差应小于 1mm；整平误差应不超过一格。

(2) 仪器制动后不可强行转动，需转动时可用微动螺旋。

(3) 观测竖直角时应先调整竖盘指标水准管，使竖盘指标水准管气泡居中，然后才能读取竖盘读数。

(4) 测微轮式读数装置的经纬仪，读数时应先旋转测微轮，使双线指标线准确地夹住某一分画线后才能读数。

第二节 水平角的观测

一、水平角观测原理

1. 测回法

用于观测两个方向之间的单角，如图 3-5 所示。

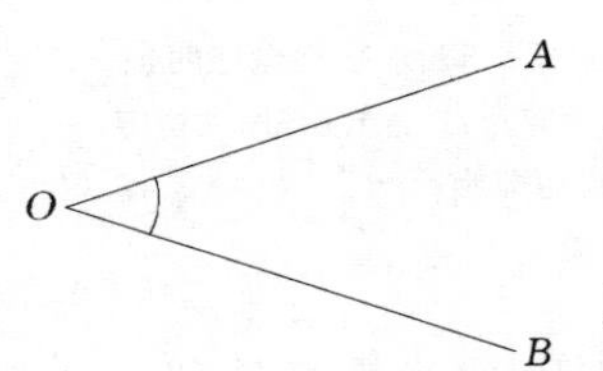

图 3-5 测回法测水平角原理图

(1) 盘左位置（也称正镜）。

1) 瞄准左目标 A，读水平度盘，读数为 $A_{左}$（为计算方便，可把 $A_{左}$ 调到 0°稍大的位置）。

2) 松开水平制动螺旋，顺时针转动照准部，瞄准右方目标 B，读取水平度盘读数 $B_{左}$。以上称上半测回即

$$\beta_{上}=B_{左}-A_{左} \tag{3-1}$$

(2) 盘右位置（也称倒镜）。

1) 松开水平及竖直制动螺旋，倒转望远镜瞄准右方目标 B，读取水平度盘读数 $B_{右}$。

2) 松开水平制动螺旋，逆时针转动照准部，再瞄准左方目标 A，读取水平度盘读数 $A_{右}$。以上称下半测回即

$$\beta_{下}=B_{右}-A_{右} \tag{3-2}$$

(3) 水平角计算。

上、下半测回合称一测回。则水平角度为

$$\beta=(\beta_{上}+\beta_{下})/2 \tag{3-3}$$

注意，当测角精度要求较高时，往往要测几个测回，为了减少度盘分划误差的影响，各测回间应根据测回数 n 按 $180°/n$ 递增来变换水平度盘起始位置。

2. 方向观测法

方向观测法适用于观测两个以上的方向，如图 3-6 所示。

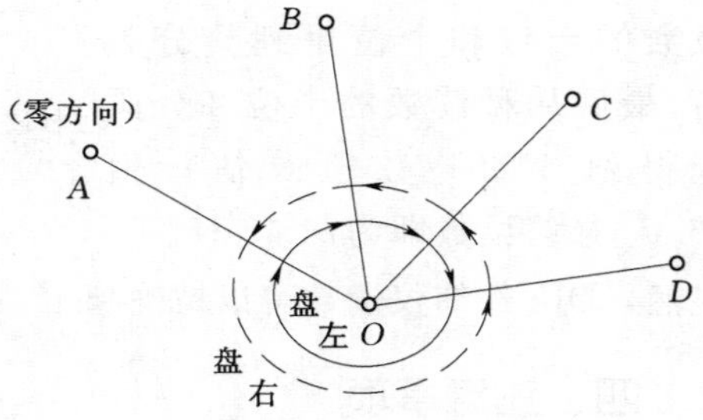

图 3-6 方向观测法测水平角原理图

当方向多于 3 个时，每半测回都从一个选定的起始方向（零方向）开始观测，在依次观测所需的各个目标之后，应再次观测起始方向（称为归零）称为全圆方向法。

二、器材与用具

观测时所用的工具主要有经纬仪、花杆、记录本、计算器、铅笔等。

三、水平角观测步骤

1. 经纬仪的安置

经纬仪的安置。包括对中和整平。

（1）对中：使仪器的中心点与测站点中心位于同一铅垂线上。具体方法如下：

1）将三脚架置于测站点上，将垂绳挂在三脚架安装螺丝的钩子上，调节垂绳长度，使垂球尖头悬垂于贴近与测站点齐平的位置，移动并踩实三脚架，使垂球尖粗略对准测站点，保持架头大致水平。

2）将仪器安置于三脚架顶上，旋转中心螺旋，但不宜过紧。仔细在三脚架上微微平移仪器，直至垂球尖精确对准测站点。

3）拧紧中心螺旋，以防仪器从架头摔下。

（2）整平：利用基座上3个脚螺栓，使照准部在相互垂直的两方向上气泡都居中。从而使仪器的竖轴竖直，达到水平度盘处于水平位置。

1）松开照准部制动螺旋，转动照准部使水准管与基座的任意两脚螺旋的连线平行，两手按相对方向转动这一对脚螺栓，使水准管气泡居中，如图3－7所示。

2）将照准部旋转90°，调节第3个脚螺栓，使气泡居中，如图3－8所示。

3）重复前两步骤，直到照准部转到任何位置气泡都居中方可。

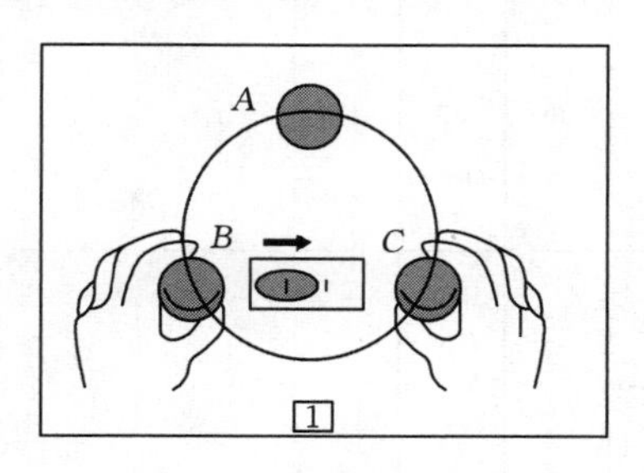

图3－7　两脚螺旋调节图

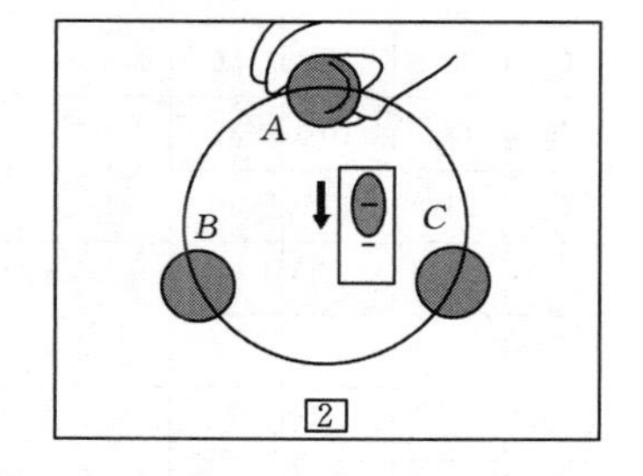

图3－8　第三脚螺旋调节图

2. 正镜照准目标

正镜照准目标。用望远镜瞄准目标，读取水平角，如图3－9所示。

（1）正镜瞄准目标B的观测步骤。

1）目镜对光：松开照准部的制动螺栓和望远镜的制动螺栓，让望远镜面对明亮的背景，转动目镜调焦螺旋，使十字丝成像清晰。

2）物镜对光：用望远镜粗略瞄准目标B，拧紧照准部和望远镜的制动螺旋，旋转目镜的微动螺旋，使物体成像清晰，调节照准部和望远镜的微动螺旋，使目标与十字丝重合。为减少目标竖立不直的影响，尽量用十字丝交点瞄准底部，双丝夹住轴线或与单竖丝重合，如图3－10（b）所示。

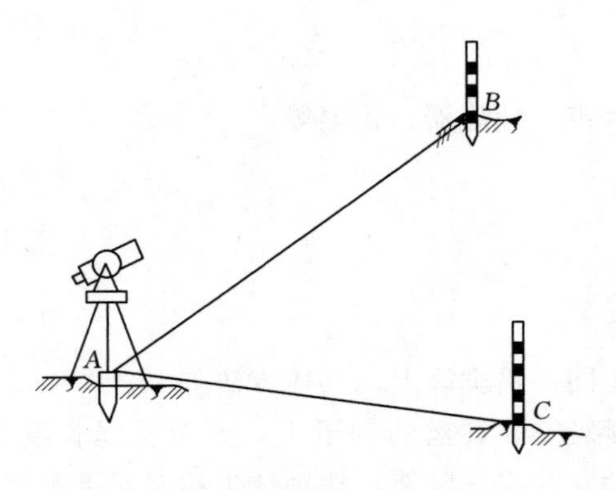

图 3-9　水平角观测图

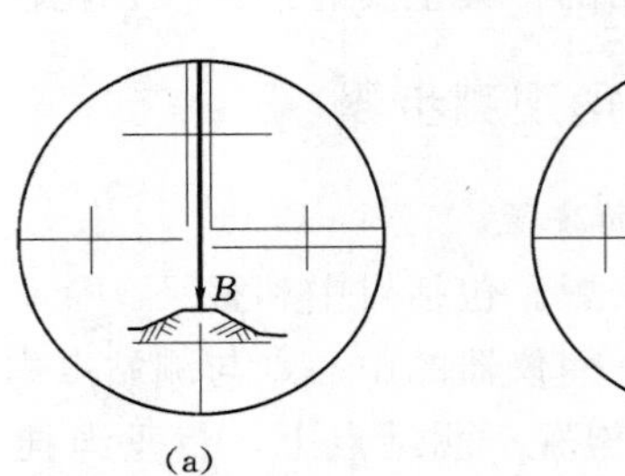

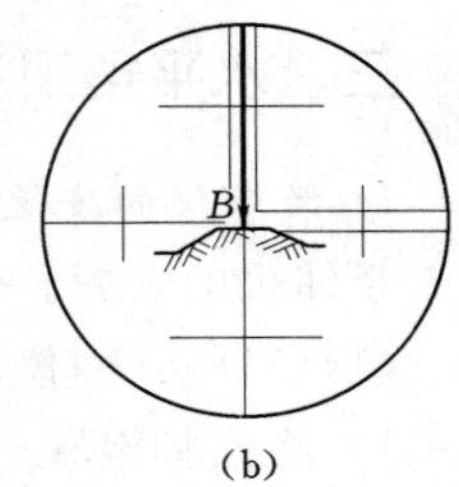

图 3-10　十字丝瞄准目标图

(a) 瞄准花杆中部；(b) 瞄准花杆根部

3）消除视差。

4）读数：打开反光镜，转动读数显微镜调焦螺旋，使读数划分清晰；读水平度盘 H 读数 $b_{左}$（可以旋转基座上的水平度盘手轮，使读数为 0°附近。如要测 n 个测回，则每次按 $180°/n$ 递增），然后记录好数据，以备后期处理，如表 3-1 所示。

表 3-1　测回法观测水平角记录表

测站	竖盘位置	目标	水平度盘读数			半测回角值			一测回平均角值			各测回平均度值			备注
			°	′	″	°	′	″	°	′	″	°	′	″	
A	左	B	0	10	24	36	32	12	36	32	15				
		C	36	42	36										
	右	B	180	10	36	36	32	18							
		C	216	42	54										
⋮															

（2）正镜瞄准目标 C。

顺时针转动，瞄准 C 点。具体的观测步骤同正镜瞄准目标 B 的步骤，得到水平度盘 H 读数 $c_{左}$。

3. 倒镜照准目标

倒镜照准目标：用望远镜瞄准目标，读取水平角。如图 3-8 所示。

(1) 倒镜瞄准目标 C。倒转望远镜，逆时针旋转瞄准 C 点。具体的观测步骤同正镜瞄准目标 B 的步骤、可得水平度盘 H 读数 $c_{右}$。

(2) 倒镜瞄准目标 B。同理，可得水平度盘 H 读数 $b_{右}$。

4. 计算并填表（表 3-1）

设测得的 $b_{右}=180°10'36''$，$b_{左}=0°10'24''$，$c_{右}=216°42'54''$，$c_{左}=36°42'36''$，则

$$\beta_{上}=c_{左}-b_{左}=36°42'36''-0°10'24''=36°32'12''$$

$$\beta_{下}=c_{右}-b_{右}=216°42'54''-180°10'36''=36°32'18''$$

则水平角 $\beta=(\beta_{上}+\beta_{下})/2=(36°32'12''+36°32'18'')/2=36°32'15''$

如表 3-1 所示。

四、注意事项

(1) 仪器本身的误差。仪器本身的误差是不可避免的，对于仪器产生的误差，只要将仪器经过完善的检验和矫正，就可以将测量误差限制在允许的范围之内，此外，多测几次取平均值也可有效地减小仪器的误差。

(2) 安置仪器的误差。是指在安置仪器过程中的对中以及整平产生的误差，同时会导致对水平角的观测误差；因此，必须要做好对中及整平，以减小误差。

(3) 标志杆倾斜误差以及观测和读数上的误差。

(4) 在实际作业时，为了保证精度往往需要观测几个测回，为了减弱度盘刻度不均匀而引起的误差，往往在每测回开始时，应变换水平度盘位置，每测回递增 $180°/n$。

第三节 竖直角的观测

一、竖直角测量原理

竖直角是指同一竖直面内视线与水平线间的夹角。

1. 观测原理

利用目标视线与水平面分别在竖盘上的读数，两读数之差即为竖直角。其角值为 0°～90°。视线向上倾斜，为仰角，符号为正。视线向下倾斜，为俯角，符号为负。如图3-11所示。

2. 竖直角与水平角观测的异同

竖直角与水平角一样，其角值也是度盘上两个方向读数之差。不同的是竖直角的两个方向中必须有一个是水平方向（任何类型的经纬仪，当竖直指标水准管气泡居中，视线水平时，其竖盘读数就是一个固定值）。因此，在观测竖直角时，只要观测目标点一个方向并读取竖盘读数，便可算得该目标点的竖直角。

3. 计算

如图 3-11 所示在 O 点测 A 点的竖直角。在 O 点架经纬仪，正镜测得 OA 方向竖盘读数为 L，倒镜测得 OA 方向竖盘读数为 R，则

上半测回角度 $$\alpha_{左}=90°-L \tag{3-4}$$

下半测回角度 $$\alpha_{右}=R-270° \tag{3-5}$$

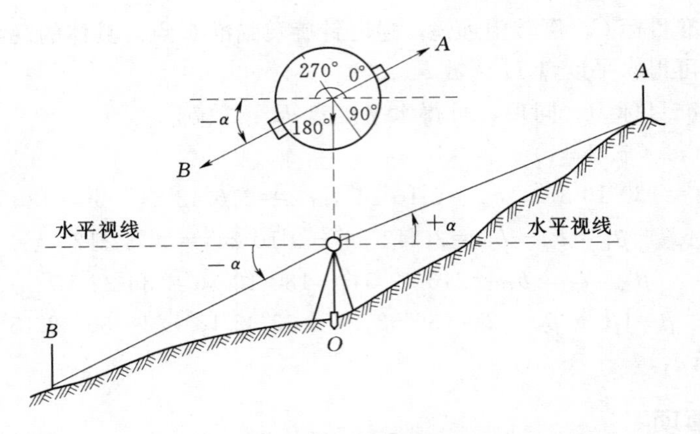

图 3-11 竖直角观测原理图

竖直角 $\alpha=(\alpha_{左}+\alpha_{右})/2$ (3-6)

注意，设此处经纬仪视线水平时，正镜竖盘读数是 90°，倒镜是 270°。

二、器材与用具

竖直角的测量时所用的工具主要有经纬仪、花杆、记录本、计算器、铅笔等。

三、竖直角观测步骤

竖直角观测步骤以图 3-11 中测 B 点为例。

1. 在 O 点安置好经纬仪（包括对中、整平）

2. 正镜瞄准目标

（1）目镜对光。

（2）物镜对光。

（3）消除视差。

（4）读数。

1）打开反光镜，转动读数显微镜调焦螺旋，使读数分划清晰。

2）调竖盘指标水准管微动螺旋，使竖盘指标水准管气泡居中。然后读竖直度盘 V 度数 L。

3）然后记录好数据，以备后期处理。

3. 倒镜照准目标

倒转望远镜，逆时针旋转瞄准 B 点，同理可得竖盘 V 读数 R。

4. 计算并填表（表 3-2）

设 B 点竖盘读数 L 为 123°16′54″，R 为 236°43′24″，则

B 点上半测回角度 $\alpha_{左}=90°-L=90°-123°16'54''=-33°16'54''$

B 点下半测回角度 $\alpha_{右}=R-270°=236°43'24''-270°=-33°16'36''$

此竖直角最终为 $\alpha=(\alpha_{左}+\alpha_{右})/2=(-33°16'54''-33°16'36'')/2=-33°16'45''$

如表 3-2 所示。

表 3-2　　竖直角观测记录表

测站	目标	竖盘位置	起始读数			竖盘读数			半测回角值			一测回角值			各测回角值
			°	′	″	°	′	″	°	′	″	°	′	″	
O	*B*	正	90	00	00	123	16	54	−33	16	54	−33	16	45	
		倒	270	00	00	236	43	24	−33	16	36				
⋮															

四、注意事项

（1）在测量过程中一定要认真仔细，尽量避免不必要的误差。正常情况下，视准轴水平指标水准管气泡居中时，指标所指读数为 90°的倍数，若此读数比 90°整数倍大于一个整数值 i，其差值就为竖盘指标差。

（2）存在指标差的仪器至少必须测一个测回，用来抵消指标差的影响。

第四节　高差及视距的观测

一、测量原理

视距测量是利用望远镜内的视距线装置，配合视距丝，根据几何光学和三角学中的相似原理，可同时测定两点间的水平距离以及高差。

1. 水平视距测量

在待测两点上分别安置仪器和视距尺，当视线水平时读取仪器上丝、中丝以及下丝的数值，然后通过三角形关系计算得出视距和高差，如图 3-12 所示。

视距　　$D_{AB}=kl$

高差　　$h_{AB}=i-s$　　　(3-7)

式中　k——视距乘常数，此处取 100；

l——视距间隔（上丝读数减去下丝读数的差值），m；

i——仪器高度，m；

s——中丝读数，m。

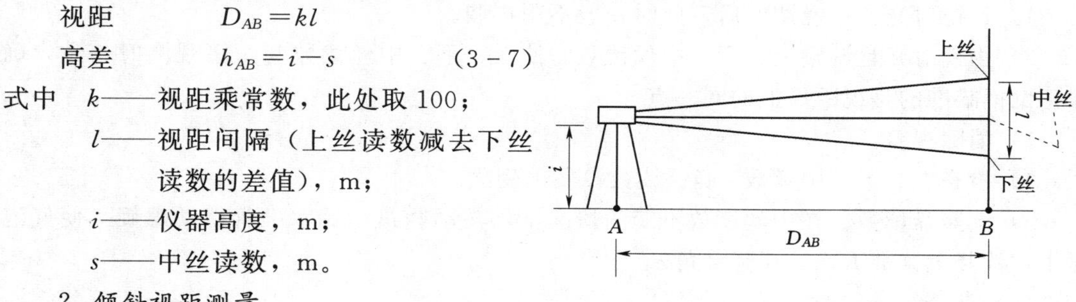

图 3-12　水平视距测量图

2. 倾斜视距测量

同水平测量相似，不过望远镜视线是倾斜的。观测时读取仪器上丝、中丝以及下丝的数值，还有竖直角 α 的值。然后通过三角形关系计算得出视距和高差，如图 3-13 所示。

视距　　$$D_{AB}=kl\cos^2\alpha \qquad (3-8)$$

高差 $$h_{AB}=\frac{1}{2}kl\sin2\alpha+i-s=D_{AB}\tan\alpha+i-s \tag{3-9}$$

式中 α——竖直角度。

二、器材与用具

测量时所用的工具主要有经纬仪、视距尺、钢尺、记录本、计算器、铅笔等。

三、测量步骤

高差及视距的测量步骤如图 3-13 所示。

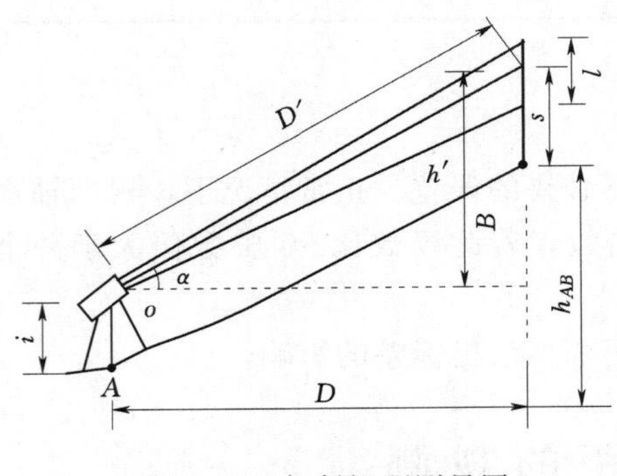

图 3-13 倾斜视距测量图

(1) 在 A 点安置好经纬仪(包括对中、整平)。

(2) 用视距尺(或钢尺)量取仪器的高度 i,量至厘米即可。然后将视距尺立于欲测 B 点。

(3) 正镜观测。

1) 目镜对光。

2) 物镜对光。用望远镜粗略瞄准目标 B 点视距尺,拧紧照准部和望远镜的制动螺旋,旋转目镜的微动螺旋,使物体成像清晰,调节照准部和望远镜的微动螺旋,使十字丝双丝夹住视距尺轴线,或与单竖丝重合(为计算方便,也使中丝瞄准视距尺读数 s 处)。

3) 消除视差。

4) 读上、下中丝数。望远镜瞄准视距尺,分别读取上、下丝的数值(将上丝读数减去下丝读数,即得视距间隔 l),再读取中丝读数 s。

5) 读竖盘读数。在中丝读数不变的情况下,转动竖盘指标水准管微动螺旋,使气泡居中,读竖盘读数 L,计算竖直角 $\alpha_{左}$。

(4) 倒镜观测。倒转望远镜,逆时针转动照准部瞄准视距尺。

1) 目镜对光。正镜调好后,此时一般不用再调。

2) 物镜对光且调整上、下、中丝读数。使上、下、中丝读数与正镜观测时一致,确保正倒镜瞄准的是视距尺上的同一点。

3) 消除视差。

4) 检查上、下、中丝数。确保读数没发生变化。

5) 读竖盘读数。在中丝读数不变的情况下,转动竖盘指标水准管微动螺旋,使气泡居中,读竖盘读数 R,计算竖直角 $\alpha_{右}$。

(5) 计算。

设此例上丝读数为 1.721m,下丝读数为 1.307m,中丝读数为 1.580m,L 为 $63°16'54''$,R 为 $296°43'12''$,i 为 1.45m。

$$\alpha_{左}=90°-L=90°-63°16'54''=26°43'06''$$

$$\alpha_{右}=R-270°=296°43'12''-270°=26°43'12''$$

$$\alpha=(\alpha_{左}+\alpha_{右})/2=26°43'09''$$

视距：$D_{AB}=kl\cos^2\alpha$

$=100\times(1.721-1.307)[\cos(26°43'09'')]^2$

$=33.03$ (m)

高差：$h_{AB}=\frac{1}{2}kl\sin 2\alpha+i-s=D_{AB}\tan\alpha+i-s$

$=50\times(1.721-1.307)\times\sin(2\times 26°43'09'')+1.45-1.580$

$=16.50$ (m)

如表 3－3 所示。

表 3－3　　视距及高差记录　　单位：m

测站仪高	测点	上丝读数/下丝读数	视距间隔	竖直盘读数 °	′	″	平均竖直角 °	′	″	水平距离	中丝读数	高差	标高	备注
$\frac{A}{1.45}$	B	1.721	0.414	90	00	00	26	43	09	33.03	1.580	16.50		
		1.307		63	16	54								
		1.721	0.414	270	00	00								
		1.307		296	43	12								

第五节　其他几种常用测量距离的方法

经纬仪视距法可同时测定两点间的水平距离以及高差，因其方便实用，故在输电线路测量中得到广泛运用，但它的水平距离测量精度较低，输电线要求较高的地方便不能满足。这时可利用经纬仪测水平角精度很高的特性，通过构造三角形，测出水平角来计算出两点间的水平距离。这就是三角分析法和视差法。

当然也可不用经纬仪，而使用钢尺量距（适用于短距离）或光电测距仪（适用于长距离）来测水平距离。

一、三角分析法测距

1. 测量原理

如图 3－14 所示，A、B 两点间的距离 D 为待测距离。AC 是根据现场地形布设测定的线段，称之为基线，基线的长度事先已测定。用经纬仪可测出 β、γ 角值，则

$$D_{AB}=\frac{|AC|\sin\gamma}{\sin\beta} \qquad (3-10)$$

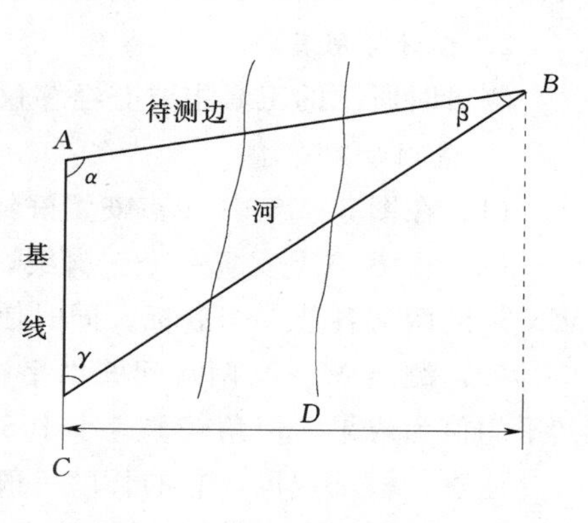

图 3－14　三角分析法测距原理图

2. 器材与用具

测量时所用的工具主要有经纬仪、花杆、钢尺、记录本、计算器、铅笔等。

3. 施测步骤

（1）布设基线 AC。具体如下：

1）基线布设位置。基线应布设在地势比较平坦、便于丈量距离的地方，基线与所求边（此处即 AB）夹角应在 70°～110°之间。基线很重要，因为要根据它来推算所要测的距离。

2）基线长度要求。根据所求边的精度要求，基线与所求边长度之比应大于 1/50～1/10。还要保证 β、γ 大于 1°。

3）基线长度测量。需用检验合格的钢尺往返丈量两次，两次丈量的较差应小于 1/1000（或 1/2000），取其平均值为成果。

注意，为了有校核条件，一般以待求边布设两个图形求距，其基线可为一条但其长度不同；或选择两条基线，布设两个测量图形。

（2）测量水平角 α、β 值。具体步骤如下：

1）将经纬仪安置在三角形的顶点 B，用一个测回测出水平角 β。

2）再将经纬仪安置在三角形的顶点 C，用一个测回测出水平角 γ。

（3）计算出所求边 AB 的距离值。

二、视差法（横基线法）测距

1. 视差法测距的原理

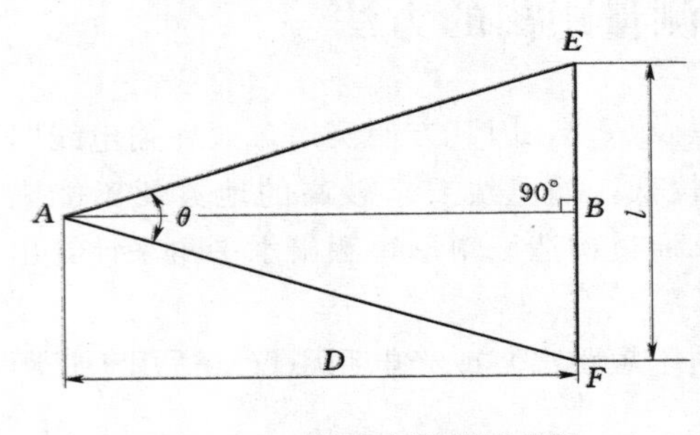

图 3－15　视差法测距原理图

线路测量中有时也用横基线法测距，其施测原理如图 3－15 所示。

A、B 两点间的距离 D 为待测距离，先构建一个 $\triangle AEF$，B 为 EF 中点，视线 AB 垂直于 EF。如果测出$\angle EAF$ 为 θ，EF 长度为 l，则

$$D_{AB}=\frac{1}{2}/\tan\left(\frac{\theta}{2}\right) \qquad (3-11)$$

式中　θ——视差角。

这种方法称为视差法测距。而 EF 处放置的为横基线尺，所以此法又称横基线法测距。

2. 器材与用具

测量时所用的工具主要有经纬仪、花杆、横基线尺、记录本、计算器、铅笔等。

3. 施测步骤

（1）在图 3－15 中 A 点安置好经纬仪（包括对中、整平）。

（2）在 B 点上安置一个三脚架，并在架面上水平放置一把长度为 l 的横基线尺 MN，MN 尺的两端各装一个觇标，同时使尺长的中心对准 B 点，并且使 MN 尺与 AB 垂直。

（3）测出 M、N 两端间的水平视线夹角 θ，视差角 θ 须经 4 次测量（两个测回），取其平均值为成果，但角较差应小于 5″。

注意，横基线尺，它的长度一般为 2m 标准长度。而用横基线法测距，其基线尺与待求距离长度之比，应小于 1/250。

三、钢尺量距

钢尺的基本划分为厘米，常用长度有20cm、30cm及50cm等几种。由于尺的零点位置的不同，有端点尺和刻线尺的区别。端点尺是以尺的最外端作为尺的零点，当从建筑物墙边开始丈量时使用很方便；刻线尺是以尺前端的一刻线作为尺的零点。

1. 平坦地区的距离丈量

(1) 器材与用具。测量时所用的工具主要有钢尺、标杆、木桩、测钎、铁钉、弹簧秤、温度计、记录本、计算器、铅笔等。

(2) 施测步骤。如图3-16所示。A、B两点间为待测距离。

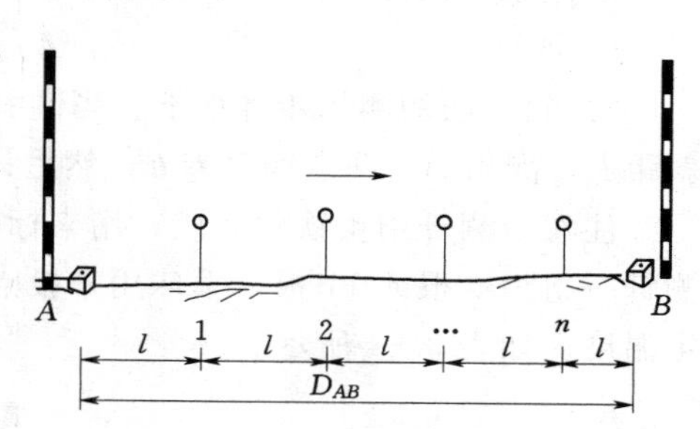

图3-16 平坦地区距离丈量图

1) 标注方向。将待测距离的两点A、B用木桩（桩上钉一小钉）标志出来，然后在端点的外侧各立一根标杆。

2) 清除障碍物。清除AB两点直线上影响测量的障碍物，即可开始丈量。

3) 前后尺手持尺准备好，就可以测量一个尺段。后尺手甲持尺的零端位于A点，并在A点上插一测钎。前尺手乙持尺的末端并携带一组测钎的其余5根（或10根），沿AB方向前进，行至一尺段处停下。后尺手甲以手势指挥前尺手乙将钢尺拉在AB直线方向上；后尺手甲以尺的零点对准B点，当两人同时把钢尺拉紧、拉平和拉稳后，前尺手乙在尺的末端刻线处竖直地插下一测钎，得到点l，这样，就完成了一个尺段的测量。

4) 继续测量。随之后尺手甲拔起A点上的测钎与前尺手乙共同举尺前进，同样量出第2尺段。同一方法继续丈量下去。至最后不足一整尺段（nB）时，前尺手将尺上某一整数分划线对准B点，由后尺手甲对准n点在尺上读出读数，两数相减，即可求得不足一尺段的余长。

5) 返回测量。为了防止丈量中发生错误及提高量距精度，所以距离要往、返丈量。上述为往测，返测时要重新进行定线。

6) 计算。取往、返测距离的平均值作为丈量结果，量距精度以相对误差表示，通常化为分子为1的分式形式。

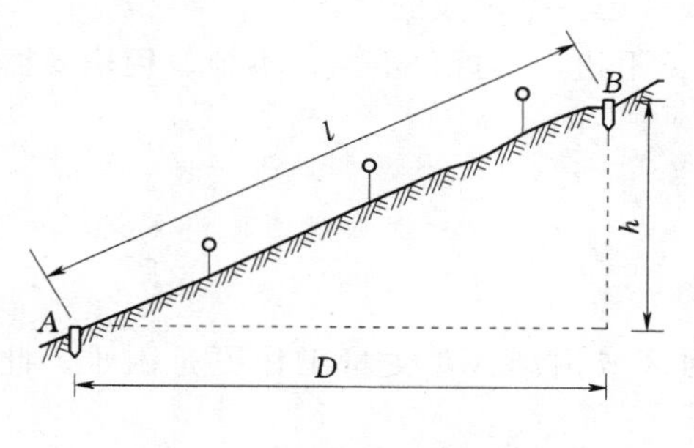

图3-17 倾斜地区距离丈量图

2. 倾斜地面的距离丈量

(1) 器材与用具。测量时所用的工具主要有水准仪、钢尺、标杆、木桩、测钎、垂球、弹簧秤、温度计、记录本、计算器、铅笔等。

(2) 施测步骤。如图3-17所示。A、B两点间距离D为待测距离。

1) 平量法的测量步骤如下：

a. 标注方向。

b. 清除障碍物。

c. 前后尺手持尺准备好，就可以测量一个尺段。沿倾斜地面丈量距离，当地势起伏不大时，可将钢尺拉平丈量，后尺手甲立于 B 点，指挥前尺手乙将尺拉在 AB 方向线上。甲将尺的零端对准 B 点，乙将尺子抬高，并且目估使尺子水平，当两人同时把钢尺拉紧、拉平和拉稳后，用垂球尖将尺段的末端投于地面上，再插以插钎。若地面倾斜较大，将钢尺抬平有困难对，可将一尺段分成几段来平量。

d. 继续测量。

e. 返回测量。返测时由低向高测比较困难，可以从高向低再丈量一次。

f. 用水准仪测 AB 两点间高差 h。

g. 计算。

2）斜量法的测量步骤如下。当倾斜地面的坡度均匀时，可以沿着斜坡丈量出 AB 的斜距 L，测出 AB 两点间高差 h，然后计算 AB 的水平距离 D。

注意，测钎用粗铁丝制成，用来标志所量尺段的起、讫点和计算已量过的整尺段数。测钎一组为 6 根或 11 根。垂球用来投点。另外，还有弹簧秤和温度计，以控制拉力和测定温度。如表 3－4 所示。

表 3－4　　距离测量簿　　单位：m

测量起止点	测量方向	整尺长	整尺数	余长	水平距离	往返较差	平均距离	精度
1								
2								
⋮								
n								

3. 注意事项

(1) 钢尺量距的原理简单，但在操作上容易出错，要做到三清，即：

1）零点看清——尺子零点不一定在尺端，有些尺子零点前还有一段分划，必须看清。

2）读数认清——尺上读数要认清 m，dm，cm 的注字和 mm 的划分数。

3）尺段记清——尺段较多时，容易发生少记或多记一个尺段的错误。

(2) 钢尺容易损坏，为维护钢尺，应做到四不：不扭，不折，不压，不拖。用毕要擦净后才可卷入尺壳内。

(3) 弹簧秤和温度计等在精密量距中应用。

四、光电测距

长距离测量劳动强度大，工作效率低。当在山区或沼泽区，丈量工作更是困难。此时，光电测距仪便显示出了优势。

光电测距仪采用光波作为载波，使用的光源有激光光源和红外光源（普通光源已淘法），采用红外线波段作为载波的称为红外测距仪。

1. 测距原理

通过测定光波在两点间传播的时间计算距离的方法，如图 3－18 所示。公式为

$$D'=1/2ct$$

$$c=c_0/n \quad (3-12)$$

式中 c——空气中的光速；

t——光波在两点间往返的时间；

c_0——真空中的光速值，其值为 299792458m/s；

n——大气折射率，它与测距仪所用光源的波长，测线上的气温 t'，气压 P 和湿度 e 有关。

测定距离的精度，主要取决于测定时间 t 的精度，要求保证±1cm 的测量精度。例如，要求保证±1cm 的测距精度，时间测定要求准确到 6.7×10^{-11}s，这是难以做到的。因此，大多采用间接测定法来测定 t。间接测定 t 的方法有下列两种如下：

(1) 脉冲式测距。由测距仪的发射系统发出光脉冲，经被测目标反射后，再由测距仪的接收系统接收，测出这一光脉冲往返所需时间间隔 Δt 的钟脉冲的个数以求得距离 D。由于计数器的频率一般为 300MHz（300×106Hz），测距精度为 0.5m，故精度较低。

(2) 相位式测距。由测距仪的发射系统发出一种连续的调制光波，测出该调制光波在测线上往返传播所产生的相位移，以测定距离 D。红外光电测距仪一般都采用相位测距法。

在砷化镓（GaAs）发光二极管上加了频率为 f 的交变电压，即注入交变电流后，它发出的光强就随注入的交变电流呈正弦变化，这种光称为调制光。测距仪在 A 点发出的调制光在待测距离上传播，经反射镜反射后被接收器所接收，然后用相位计将发射信号与接受信号进行相位比较，由显示器显出调制光在待测距离往、返传播所引起的相位移 ϕ。

2. 实际使用的公式（相位式）

$$D'=\frac{\lambda_s}{2}(N+\Delta N) \quad (3-13)$$

式中 N——整周期数；

ΔN——不足一个整周期的尾数；如图 3－18、图 3－19 所示；

λ_s——调制信号的波长。

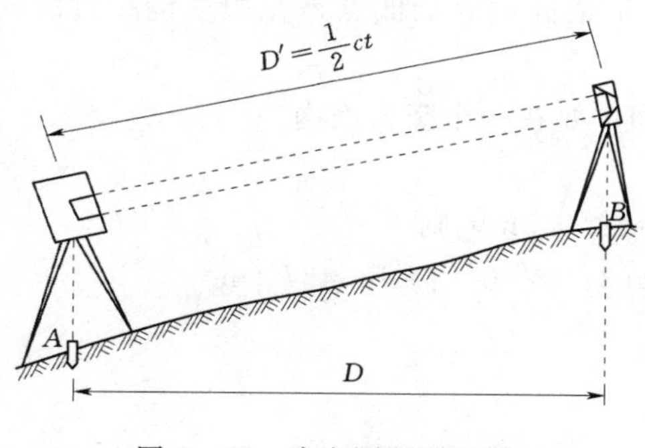

图 3－18 光电测距原理图

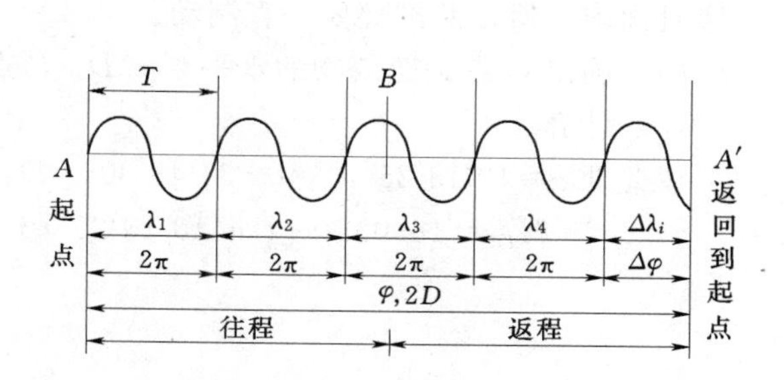

图 3－19 相位式光电测距原理图

第六节 高 度 测 量

线路测量中常要用到建筑物的高度，但经纬仪不像全站仪那样能直接测到，必须通过构造三角形来间接测得。

一、测量原理

要测建筑物 EF 的高度，因经纬仪不能直接测得，所以要构建$\triangle EAB$ 和$\triangle BAF$，如图 3－20 所示。测出 AB 间水平距离 D，和竖直角 α、β 的值，即可得到建筑物高度 H，即

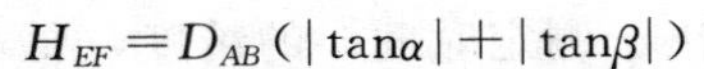

$$H_{EF}=D_{AB}(|\tan\alpha|+|\tan\beta|)$$

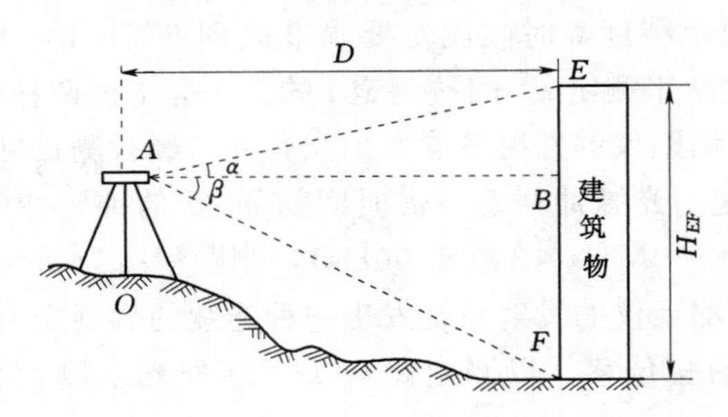

图 3－20 高度测量原理图

二、器材与用具

测量时所用的工具主要有经纬仪、视距尺、花杆、记录本、计算器、铅笔等。

三、测量步骤

测量步骤如图 3－20 所示。

（1）安置经纬仪于 O 点。O 点的位置要选好，既要能看到建筑物最高点，又要能看到最低点。且最高点、最低点要在望远镜的同一竖直面内。

（2）测最高点的竖直角 α。

（3）望远镜下压，测最低点的竖直角 β。要保证最高点和最低点是在望远镜扫过的同一竖直面内，所以照准部要一直制动。

（4）测出 O 点到建筑物的水平距离 D。B 点同样要在一个竖直面内。

（5）计算。

设此处 $\alpha=10°13'25''$，$\beta=-31°48'30''$，$D_{AB}=18.033\text{m}$，则

$$H_{EF}=18.033\times[\tan(10°13'25'')+\tan(31°48'30'')]=14.437\ (\text{m})$$

第四章　输电线路设计测量

第一节　选定线测量

一、测量目的

输电线路经室内选线和现场踏勘后，就要进行选定线测量。先在地形图上确定好线路路径方案，通过测角、量距等方法把线路中心线在地面上用一系列的木桩标志出来，以确定线路在地面上实际的走向。

二、测量原理

经纬仪望远镜扫过的后视前视是一个竖直面；经纬仪测水平角；钢尺量距的高精度。

三、器材与用具

测量时所用的工具主要有经纬仪、钢尺、花杆、木桩、铁钉、混凝土桩、红漆、直尺、记录本、计算器、铅笔等。

四、方法及步骤

1. 直接定线

直接定线采用正倒镜分中延长法。其具体步骤如下。

（1）测直线桩延长线上的桩位。图 4－1 所示的 J_2 点，线路已测出 J_1 和 Z_1 桩位（起始点一般通过测量线路方向角得到），欲继续向前，测出 J_2 点。

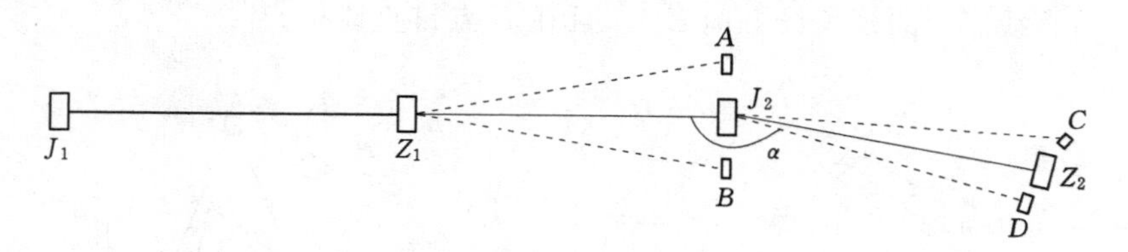

图 4－1　直接定线图

1）正镜观察测得延长点。将经纬仪在 Z_1 直线桩上安置好，正镜瞄准线路后方转角桩 J_1，倒转望远镜指挥前方施尺人员用标杆左右移动，至标杆尖在十字丝交点处得 A 点。

2）倒镜观察测延长点。松开照准部制动螺旋倒转望远镜，重新瞄准 J_1 桩，采用花杆

在线路的前方又得 B 点。

3）分中得 J_2 点。理论上 A、B 两点重合，则这点就是 J_1、Z_1 直线延长线上的一点 J_2；实际 A、B 两点有时不重合（相差1～2个点位），则取 AB 连线的中点，即为 J_2 点，钉入混凝土桩。在桩上再找 J_2 位置并涂上红漆，则红漆点为 J_2 点，也即转角杆塔的中心点。

（2）测转角后的桩位。图4-1所示的 Z_2 点，J_1、Z_1 和 J_2 点位都确定了，欲测 Z_2 点。步骤如下：

1）正镜观察延长。将经纬仪在 J_2 转角桩上安置好，正镜瞄准线路后方直线桩 Z_1，水平度盘调到0°，逆时针转动望远镜使水平度盘读数为 α，在线路的前方得 C 点。

2）倒镜观察延长。松开照准部制动螺旋倒转望远镜，重新瞄准 Z_1 桩，记录此时水平度盘度数；逆时针转动望远镜使水平度盘读数增加 α，在线路的前方又得 D 点。

3）分中得 J_2 点。理论上 C、D 两点重合，则这点就是 J_2 转角后的点 Z_2；实际 C、D 两点有时不重合（相差1～2个点位），则取 CD 连线的中点，即为 Z_2 点，钉立木桩。在桩上再找 J_2 位置并钉上铁钉，则钉子点即为 Z_2 点。

如果 $\alpha<180°$，则线路在 J_2 处右转，且右转角为 $180°-\alpha$；如果 $\alpha>180°$，则线路在 J_2 处 α 角左转，且左转角为 $\alpha-180°$。图4-1中 α 为右转角。

2. 间接定线

当望远镜视线通道上有较大障碍物，看不到前方时，常采用矩形法或等腰三角形法等间接方法延长直线。

（1）矩形法定线。如图4-2所示，图中阴影为建筑物俯视形状。

1）测得 C 点。将仪器在 B 点安置好，以 A 点为后视方向，逆时针测水平角90°，在视线方向上用钢尺量距法量取适当的水平距离（20～80m，根据地形），测得图中的 C 点。

2）测得 D 点。将仪器移至 C 点安置好，以 B 点为后视方向，顺时针测水平角90°，在视线方向上用钢尺量距法，同样量取一段适当的平距后，测得图4-2的 D 点。

3）测得 E 点。将仪器再移至 D 点安置，依上述测得 D 点的测量方法，在望远镜视线方向上取 $|DE|=|BC|$，即得图中的 E 点，在 E 点钉直线桩。

4）测得 F 点，获取线路走向 EF。最后，将仪器移至 E 点安置，按直线定线的方法测量即可定出直线 AB 的延长线方向 EF，且在 F 点钉直线桩。

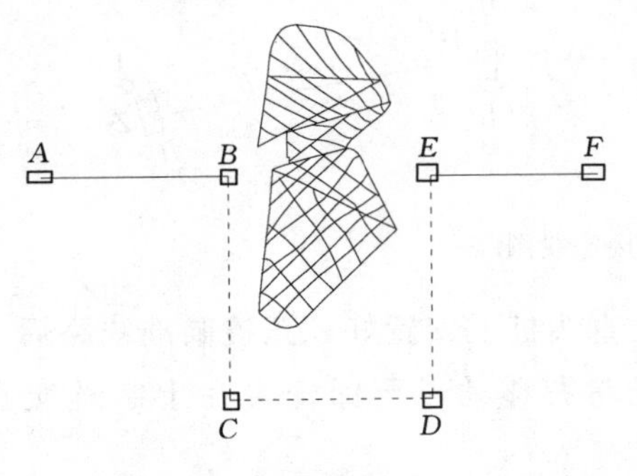

图4-2　矩形法间接定线图

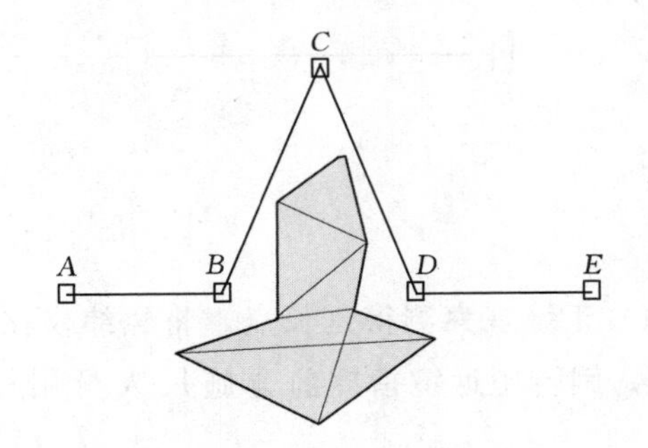

图4-3　等腰三角形法间接定线图

（2）等腰三角形法。用等腰三角形法延长直线的测量方法如图 4－3 所示。

直线 AB 的前进视线被阻，若采用等腰三角形法测定出 AB 的延长线，其施测方法及要求与矩形法测定直线的延长线完全相同。

等腰三角形法也是逐次将仪器安置在下图中的 B、C、D 三点上观测，要求 $\angle ABC=\angle CDE$，线段 $BC=CD$。最后，测定出的 DE 即为直线 AB 的延长线。唯一不同点是等腰三角形中照准部旋转的不是 90°的直角。

注意，①直线桩一般用 Z 或 C 编号，转角桩用 J 或 Y 编号；②间接定线中如遇到转角，则以转角桩-辅助点为后视方向，方法与直接定线中一致。

第二节　桩间距离和高差观测

一、观测目的

选定线后，现场地面有大量直线桩 Z、转角桩 J（或 Y），测站桩 C，此时要测出各桩相互间的距离和高差，为后面的平断面测量做准备。

二、测量要求

桩间量距以及高差测量都称为控制测量，一般用视距法测量。

（1）为了保证精度采用同向观测和对向观测两次观测的方式。

（2）视距的长度在平地时，应不超过 400m；在丘陵地带应不超过 600m；山区应不超过 800m。当透视条件不好时，还应该适当减少视距长度或停止观察。

（3）直角用正镜和倒镜两次观测，两次测角误差不应大于一分。

三、器材与用具

观测时所用的工具主要有经纬仪、水准尺、花杆、直尺、坐标纸、记录本、计算器、铅笔等。

四、绘图

（1）记录观测数据。如有一条从泠寒变电站到砚坚一变电站的输电线路，选定线后进行桩间距离和高差测量后的数据记录如表 4－1 所示。

（2）在图纸上绘出纵横坐标。横坐标表示水平距离，比例为 1：5000；纵坐标表示标高，比例为 1：500。（特殊地段需要放大，可采用横为 1：2000，纵为 1：200 的比例）加上桩间距离、里程、档距、耐张段长/代表档距栏目，如图 4－4 所示。整体布局要合理。

（3）确定各桩位置并填写数据。首先是横坐标水平距离，按比例标记里程；纵坐标表示标高，按比例标记高度。根据水平距离和高程数据在图上找出各桩位置点，向下画一直线，在直线上分别注上距离（百米以内）、桩号、高程。再填上桩间距离数据。

表 4-1　　　　　　　　　　　　视距及高差记录　　　　　　　　　　　　单位：m

测站 仪高	测点	上丝读数 下丝读数	视距 间隔	竖直盘读数 °	′	″	平均竖直角 °	′	″	水平 距离	中丝 读数	高差	标高	备注
起点/1.65	y_1									60		0.101	4.501	
y_1/1.45	z_1									225		0.038	4.539	
z_1/1.49	y_2									266		−0.028	4.511	
y_2/1.61	z_2									54		−0.101	4.410	
z_2/1.62	z_3									145		−0.108	4.302	
	z_4									191		0.003	4.413	
	z_5									334		−0.086	4.324	
z_5/1.57	z_6									173		0.081	4.405	已知起点标高为4.4m
	z_7									199		−0.022	4.302	
	z_8									270		0.083	4.407	
z_8/1.50	z_9									186		0.011	4.418	
z_9/1.55	z_{10}									179		−0.309	4.109	
z_{10}/1.60	z_{11}									89		0.095	4.204	
z_{11}/1.66	z_{12}									149		0.109	4.313	
	z_{13}									233		0.297	4.501	

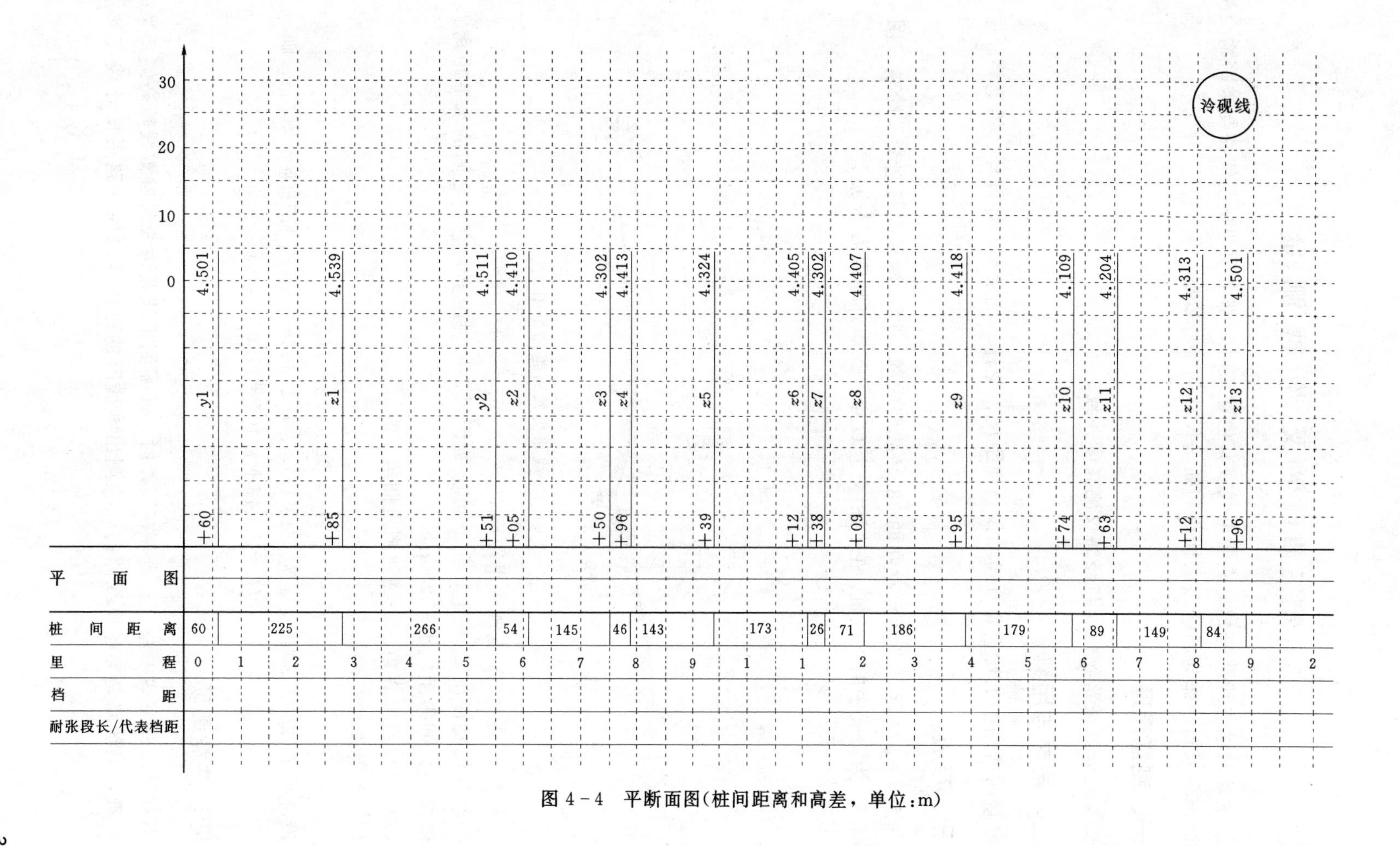

图 4-4 平断面图(桩间距离和高差，单位:m)

第三节　交叉跨越测量

新设计的输电线路跨越原有输电线或其他建筑时，都必须测量新线路与被跨物交叉点处的被跨物标高，作为新线路的档距和弧垂设计的参考依据。

一、测量原理

交叉点处的被跨物标高与经纬仪测高度一致。

二、器材与用具

测量时所用的工具主要有经纬仪、视距尺、花杆、记录本、计算器、铅笔等。

三、方法

如图 4－5 所示，*ab* 为已存在的 380V 线路中的一档，冷砚线与它交叉跨越，图 4－5 中 Z_5、Z_6 为冷砚中的直线桩。它们相交于 O 点，投影到地面为 N 点。

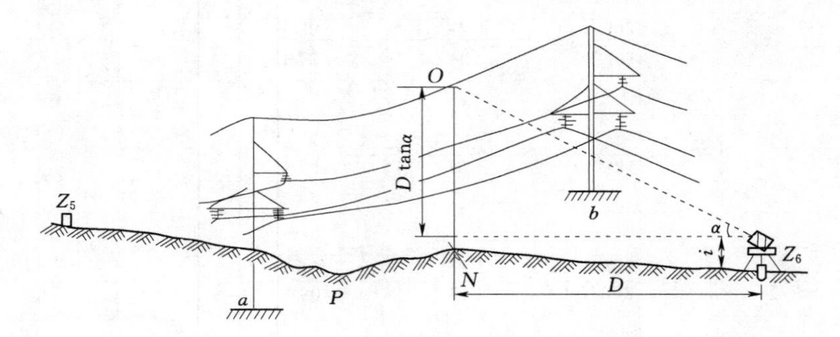

图 4－5　线路交叉跨越测量图

（1）测 Z_6 桩和 N 点间水平距离 D。

将经纬仪安置在 Z_6 桩上，在 N 点立视距尺，用视距测量它们之间的水平距离 D 值。（Z_6 和 N 点之间平距应小于 200m）

（2）测 O 点竖直角。一测回测出仰角 α 值。

（3）计算避雷线的标高：

$$H_o = D\tan\alpha + i + H_{Z6} \tag{4-1}$$

设此处 D 为 72.701m，α 为 $4°40'15''$，i 为 1.303m；而 Z_6 标高为 4.405m，则

$$H_o = 7.242 + 4.405 = 11.648 \text{ (m)}$$

四、注意事项

当被跨越避雷线的左、右边存在高差时，还需测出线路边线与避雷线较高侧交叉的标高；同理，当线路是穿越原线路时，应测出本线路的避雷线与原线路最低导线交叉点的标高。

第四节　平　面　测　绘

一、测绘目的

把线路通道内的一切建筑设施，经济作物、自然地物，以及与线路平行接近的弱电线路，按实际情况采用仪器或目测，测出其范围和相对的平面分布位置。利用这些技术资料确定杆塔的地面位置及架空导线的对地安全距离，为线路施工提供切实的技术经济资料；同时也为了本线路工程的整体造价，提供了比较精确的概算条件。

二、测绘原理

利用经纬仪以及一系列辅助工具，对线路走向两边各 50m 的地物、地貌进行测量，通过测量水平距离和水平角度来确定点位。一般对线路中心线两侧各 30m 内用仪器实测，30～50m 内因对线路影响有限，一般目测勾画出大致轮廓即可。

三、器材与用具

测量时所用的工具主要有经纬仪、水准尺、花杆、直尺、量角器、记录本、计算器、铅笔等。

四、测量方法

以前一节的冷砚线为测量实例为例，进行平面测绘。

1. y_1-z_1 段

如图 4－6 所示，y_1-z_1 段线路正好通过一座 3 层高房屋 123456－1′2′3′4′5′6′。欲测绘房屋平面图，可在 y_1 处安置经纬仪，分别测量 1、6、5、4 点的视距和水平角度，即可确定它们的位置。（水平角度测法与图 4－1 中测 α 角一致）

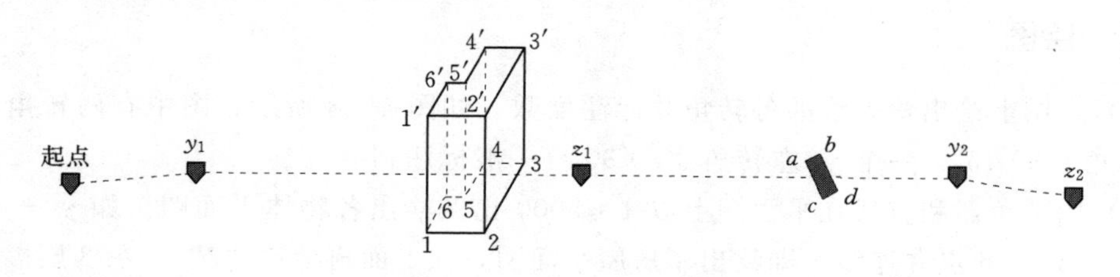

图 4－6　y_1-y_2 段示意图

设此处 1 点水平角度 α_1、距离 D_1 为 164°36′55″、171.132m；6 点水平角度 α_6、距离 D_6 为 169°05′15″、168.039m；5 点水平角度 α_5、距离 D_5 为 170°00′35″、172.617m；4 点水平角度 α_4、距离 D_4 为 184°25′05″、170.507m。还要再测一点 3（或 2），如果仪器在 y_1 处被档住视线，则观测站，将仪器安置于 z_1 处，测出 3 点的水平角度 α_2 和距离 D_2。设此处测得为：5°15′25″、40.169m。

由上数据即可确定 1、3、4、5、6 点的点位。因房屋墙壁都是对称的，在 1 点处作3-4的平行线，在 3 点处作 4-5 的平行线，两线交点即为 2 点。整个房屋平面便已确定。

z_1-y_2 段中的河流 *abcd* 也可通过这种方法测得。分别测 *a*、*b*、*c* 三点的水平角和距离来得到。

2. z_2-z_6 段

如图 4-6 所示为线路正跨建筑物，如图 4-7 所示房屋在线路一侧且离线路较近，考虑以后左边导线风偏存在的影响，此房屋也要绘制平面图。具体测法同上。在 z_4 上安置仪器，分别测出 7、8、9 三点的距离和高差即可。

图 4-7 中还有一交叉跨越，原来的一条 380V 线路 *ab* 与冷砚线交叉。只需在 z_5 上安置仪器，分别测出 *a*、*b* 两点的距离（或一个点的距离和交叉角）即可。

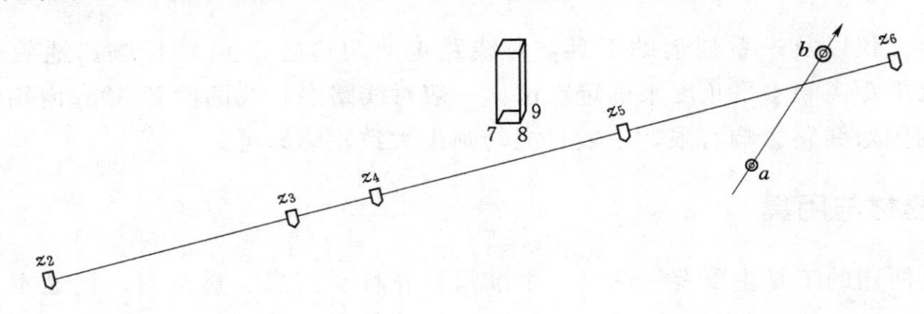

图 4-7　z_2-z_6 段示意图

3. z_6-z_{10} 段

冷砚线此段有堤垅、铁轨，测量过程同上面的交叉跨越。绘制成的平面图如图 4-8 所示。

4. $z_{10}-z_{13}$ 段

此段有车行桥，测量过程同上面的交叉跨越；水稻田测其边界，方法与上面的房屋测量相同。绘制成的平面图如图 4-8 所示。

五、绘图

（1）在图上绘出冷砚线的各转角并标注度数，如图 4-8 所示，图中有两转角，一个 y_1 右转角 6°30′15″，一个 y_2 左转角 9°20′30″（一般标注到分）。

（2）用量角器和直尺在平面图上以 1：5000 比例绘出各物体平面图。如 y_1-y_2 段中房屋，找出 1～6 点并连线，即绘出了房屋平面图，在上面再标注“3”表示 3 层楼。如图 4-8 所示。其他河流、水稻田等都以此方法绘制。

（3）对于铁轨、堤垅、公路等的线性地物，因其对线路立塔有重要影响，按 1：5000 比例绘时又因太窄表达不出，一般找出其位置和走向，按非比例尺寸绘制，如图 4-8 所示。

（4）各地物地貌绘制时采用的图式、注记符号等要严格按照《架空送电线路测量技术规程》的要求。

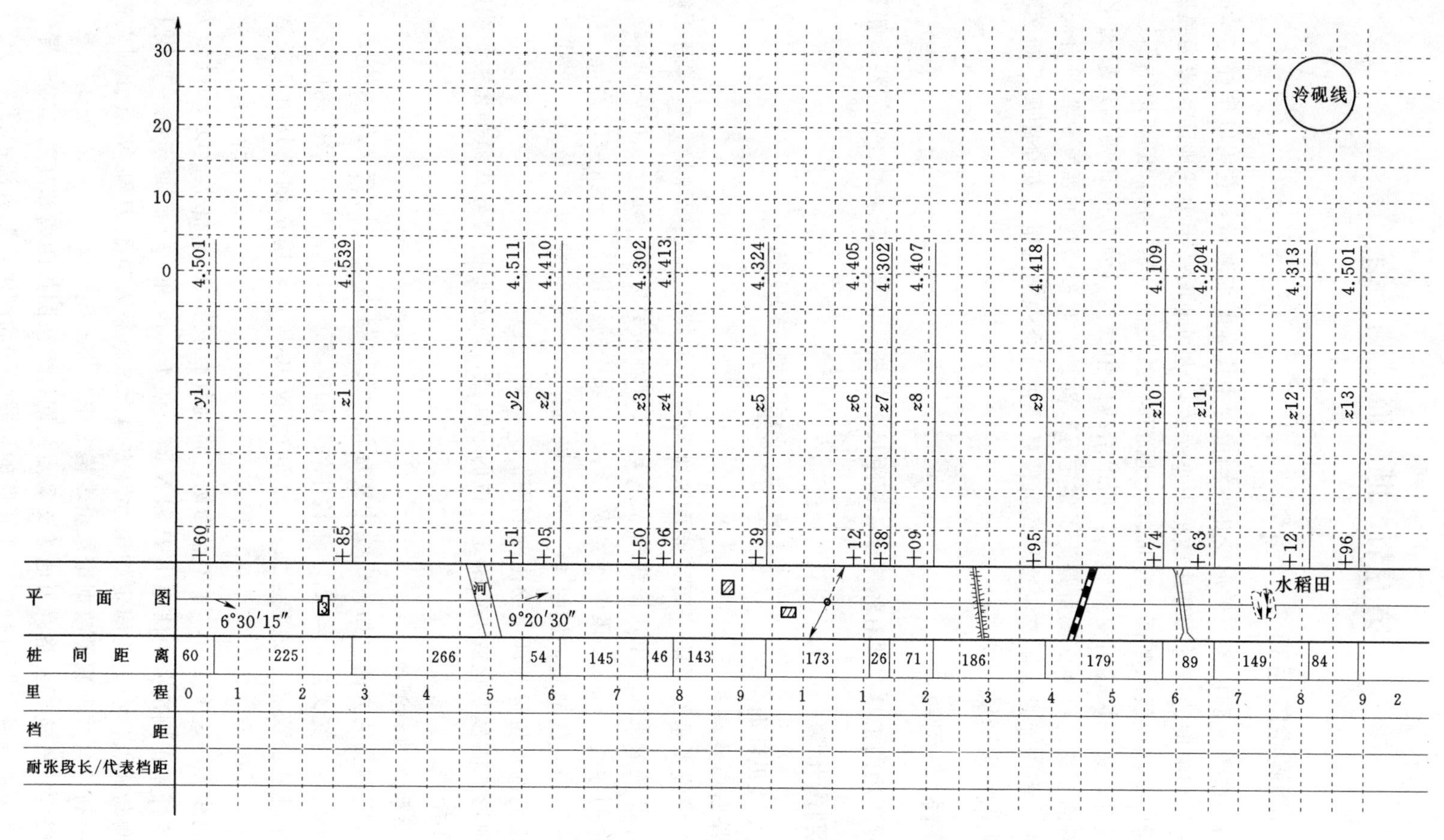

图 4-8 平断面图（桩间距离高差和平面，单位：m）

第五节 断 面 测 绘

一、断面测绘的目的

沿线路中线方向测出各点地形变化的测量为中线纵断面测量，它用以排杆定位时确定杆塔的高度。但有时边线地形和中线地形不一致，边线地面高于中线地面，成为弧垂的决定因素，所以要测边线纵断面。有时边线地面和中线地面虽然一致，但离边线不远地形有斜坡、悬崖等，边线风偏后受到影响，所以沿线路中线的垂直方向还要测地形变化情况，称之为横断面测量。纵断面测量是为了鉴定导线对地、对被跨物的弧垂是否符合规定的电气安全距离，横断面是为了鉴定边导线风偏后是否符合规定的电气安全距离。断面测量主要是指中线纵断面测量。

二、器材与用具

测量时所用的工具主要有经纬仪、视距尺、花杆、直尺、记录本、计算器、铅笔等。

三、测量步骤

(一) 中线纵断面

1. 选择断面特征点

选择对导线弧垂有影响，而又能反映地形变化的特征点进行测量。如线路正跨的地物：继续以前例为测绘对象，该线路 y_1-z_1 段中的3层房屋，z_1-y_2 段的河流，z_5-z_6 段交叉跨越的导线，z_8-z_9 段中的堤垅，z_9-z_{10} 段中的铁轨，$z_{10}-z_{11}$ 段的公路，$z_{11}-z_{12}$ 段的田地；线路经过的地貌：如图4-5所示该线路 z_5-z_6 间的 N 和 P 点。这些都为特征点，确定它们的点位标高即可绘出断面图。

对于地形无明显变化或不能确定杆位的地面点，以及那些对导线弧垂无关影响的地面点，可以不施测。

2. 对断面点的施测

(1) 标定测量的方向。如冷砚线中要标记：线路与 z_5-z_6 段交叉跨越的交叉点，与 z_8-z_9 段中堤垅的交叉点，与 z_9-z_{10} 段中铁轨的交叉点，与 $z_{10}-z_{11}$ 段公路的交叉点，与 $z_{11}-z_{12}$ 段田地的交叉点；地貌点 z_5-z_6 间的 N 和 P 点，用正倒镜分中延长法确定这些点位。

以冷砚线 z_5-z_6 间的 N 和 P 点为例。将经纬仪安置在 z_5 桩上，以 z_4 桩作为后视方向，采用花杆用正倒镜分中法定出 P 和 N 点，使 P、N 和 z_5、z_6 处于统一直线上。

(2) 测断面点。在上述固定的望远镜方向上，施尺人员于 P 和 N 点分别立视距尺，测量距离和高差，并把测量数据记录于表格之中。

对于堤垅、铁轨、公路、田地等交叉点按同样方法测量距离和高差；对于导线交叉点按前面“交叉跨越测量”进行；对于正跨的房屋按“高度测量”方法进行。

3. 绘制中线纵断面图

按照水平 1：5000、纵向 1：500 的比例进行断面图的绘制，如图 4－12 所示。对 z_1-y_2 段的河流，未实测深度（因不通航、所以不考虑排杆），所以绘制时用虚线，虚线的长度和角度依据实际情况而定。

（二）边线纵断面

当边线地形高于中线地面 0.5m（如边线的地面、边线处建筑物等）以上时，还要测边线纵断面。

如图 4－9 所示，为该线路 0.1km 处的地形，左边地面 a 点与中心线地面等高，然后地形慢慢升高，到 c 点达到最高点；$c-d$ 段等高，由 d 点地形再慢慢降低，降到 b 点后又与中心地面等高。此段地面因高于中线地面至少 0.5m，考虑以后一旦立塔于此，只考虑中线安全距离无法保证左边线与地面的安全距离满足要求，所以还要测左边线纵断面。

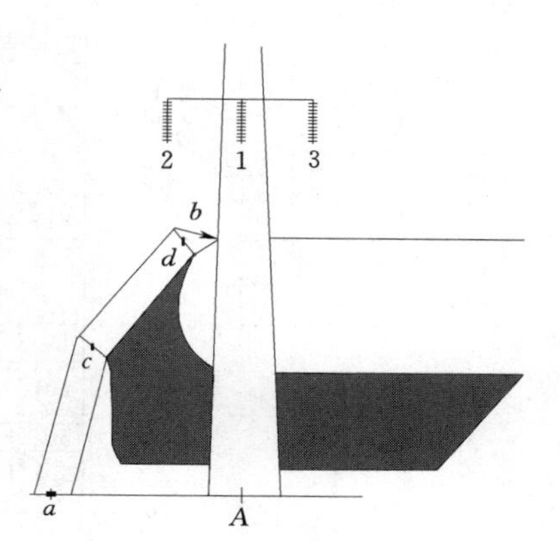

图 4－9　左边线纵断面地形示意图

1. 选择特征点

此处 a、b、c、d 即为特征点，由这 4 个点就可以绘出左边线地形。

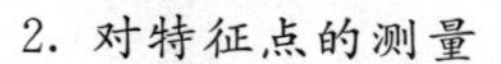

2. 对特征点的测量

（1）标定测量方向：

1）在 A 点安置经纬仪，瞄准顺线路方向，水平度盘调到 0°，然后转动 90°，即得 $A-a$ 段方向；在此方向上量取一线间距离，即得 a 点。

2）在 a 点安置经纬仪，同样方法得到 b、c、d 点。

（2）测断面点。a 点安置经纬仪，b、c、d 点分别立视距尺，测出各段距离。

3. 绘制边线纵断面图

左边线纵断面用虚线绘制，绘制比例与中线纵断面一致。如图 4－12 所示 y_1-z_1 段的左边线纵断面。

右边线纵断面的测法与左边线完全相同；但绘制时用点画线，如图 4－12 所示 z_1-y_2

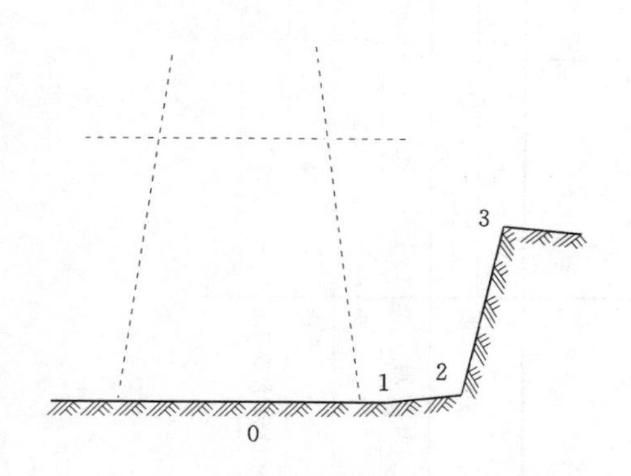

图 4－10　右边线横断面地形示意图

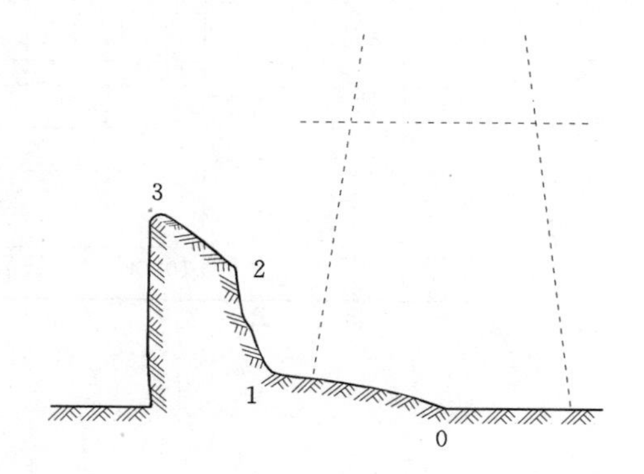

图 4－11　左边线横断面地形示意图

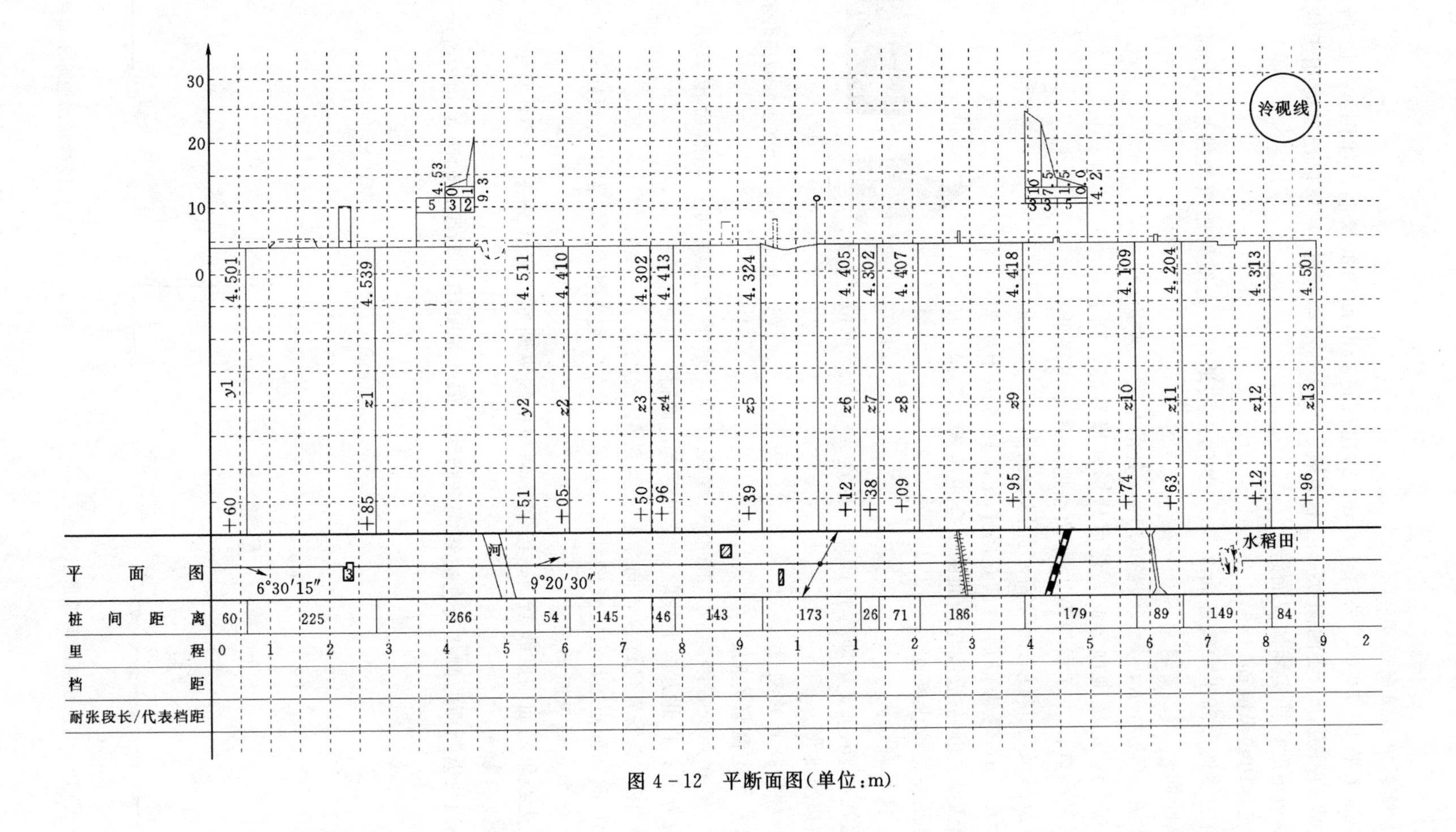

图 4-12 平断面图(单位:m)

段的右边线纵断面。

（三）横断面

当边线靠近 1∶4 的陡坡或悬崖时，考虑边线风偏后的安全距离，要测量线路的横断面。

如图 4-10 所示 0 为冷砚线上 350m 处的点，如果 0 点处正好要架杆塔（图中虚线），右边线地面 1-2 段虽没高出 0-1 段 0.5m，但右边线风偏后则要考虑与 2-3 段地面的安全距离，所以要测右边线横断面。

1. 选择特征点

如图 4-10 所示 1、2、3 即为特征点，由这些点就可以绘出右边线横断面图。

2. 对特征点的测量

（1）标定测量方向。在 0 点安置经纬仪，瞄准后视 z_1 方向，水平度盘调到 0°，然后转动 90°，用正倒镜分中法即可得 1～3 点。

（2）测断面点。0 点安置经纬仪，1～3 点分别立视距尺，测出各点距离和对 0 点的高差。设此处测出的距离和高差分别为 5m、0m（1 点）；8m、1m（2 点）；10m、9.3m（3 点）。

3. 绘制横断面图

横断面绘制时采用的纵横比例尺相同，此处比例都为 1∶500。底部下面一栏标记距离，上面一栏注记高差；高差注记为垂直字列，字头朝左；当中线无测点时，距离栏的第一个数字表示第一个测点至中线的距离（此处即 0-1 段距离为 5m）；右横断面绘在起点的右侧，如图 4-12 所示 z_1-y_2。

左边线横断面如图 4-11 所示，它的测法与右边线横断面完全相同。但绘制在起点的左侧，如图 4-12 所示 z_9-z_{10} 段的左边线横断面。中线有测点时，如图 4-12 所示的起点与中线测点相连。

这样就如图 4-12 所示完整的表示出了线路方向地形的变化，这就是输电线路的平断面图。

第六节　杆 塔 定 位 测 量

一、测量目的

杆塔定位测量是根据已测绘出的线路纵断面图，规划设计出线路杆塔的杆位和杆型，然后将在图上设计出的杆位杆型，在现场线路中线地面上进行实测和验证，最后钉立杆塔位中心桩，并在桩上标记杆型、杆位序号。

二、器材与用具

测量时所用的工具主要有经纬仪（或测距仪）、视距尺、花杆、直尺、*K* 值曲线模板、计算器、铅笔等。

三、测量步骤

1. 杆塔图上定位

所谓图上定位，就是在线路平断面图上排定杆塔的位置。

（1）根据杆塔定位的原则，综合考虑沿线的地形、地质、气象等条件，以及施工运行是否安全方便等因素，初估杆塔的大约位置，配置档距。

（2）制作模板弧垂曲线。以一个耐张段为基础，估算出此耐张段的代表档距值——计算或查出此档距下最大弧垂时的应力和比载值——计算出 K 值。

（3）图上定位。以继续前例为测绘对象，以该线路 y_1-y_2 为例。弧垂模板放平断面图上与地面至少要相切，左侧位于 y_1 杆塔定位高度，找出右侧定位高处即为 2 号杆塔位，如图 4－13 所示，其他类推。如定位处地面恰好无法立塔，则可以调整弧垂模板，但必须要与地面（或建筑物）相切或相离（不可相割），以确保安全距离。

（4）计算实际 K 值。排杆定位后，按排定的杆塔档距计算出实际的代表档距，查出实际代表档距的最大弧垂下的应力和比载值，计算出实际 K 值。若与估计值不相等，则应选实际 K 值下的弧垂模板来重新定位杆塔位置，直到验算确定估算 K 值与实际 K 值满足规定的精度，否则应循环进行。

（5）标上参数。当实际 K 值与估算 K 值精度满足后，定位结束。如图 4－13 所示。在图上要标上杆位地面的标高；杆塔位置、呼称高、型式、编号；杆位间的档距；代表档距等参数。

2. 现场定位

当平面图上的杆塔位置确定以后，须到现场进行测量，确定杆塔的实际位置，以冷砚线 2 号杆塔的确定为例。

（1）确定方向。在 z_1 上安置经纬仪，瞄准 y_1 方向，用正倒镜分中法确定 2 点方向。

（2）测量距离。在确定方向上估算距离点，在点上竖立视距尺，测量距离，看距离是否为 50m。不是则重新确定点位。一般要经过几次的测量，才能找到 2 点位置。使 2 点既在 z_1-y_1 方向上，又与 z_1 距离为 50m。其他杆位依此同样确定。

因由距离测定点位，经纬仪速度不占优势，所以杆塔定位一般用测距仪进行。

（3）钉立标桩。在确定的杆塔位上钉立标桩，钉上铁钉。可选用与定线时不同的标桩，以便区分定线桩和定位桩。

对于有位移的转角杆塔位的测定（当转角杆塔采用横担时，为使横担两侧导线延长线的交点仍然落在线路转角桩上，以保证原设计角度不变，转角杆塔中心必须沿内角平分线方向位移一段距离），首先计算出位移量，然后用经纬仪在内角平分线方向测出位移量，即得杆塔实际的中心桩。

四、说明

上述定位的过程是：选择路径方案⟶选定线测量⟶平断面图测绘（包括定位调查、收集资料等）⟶图上定位⟶现场定位⟶施测档距和杆塔位高差⟶测定施工基面值。若中间有变动可补测绘于平断面图上，这个按先后顺序逐步进行的过程称为先测后

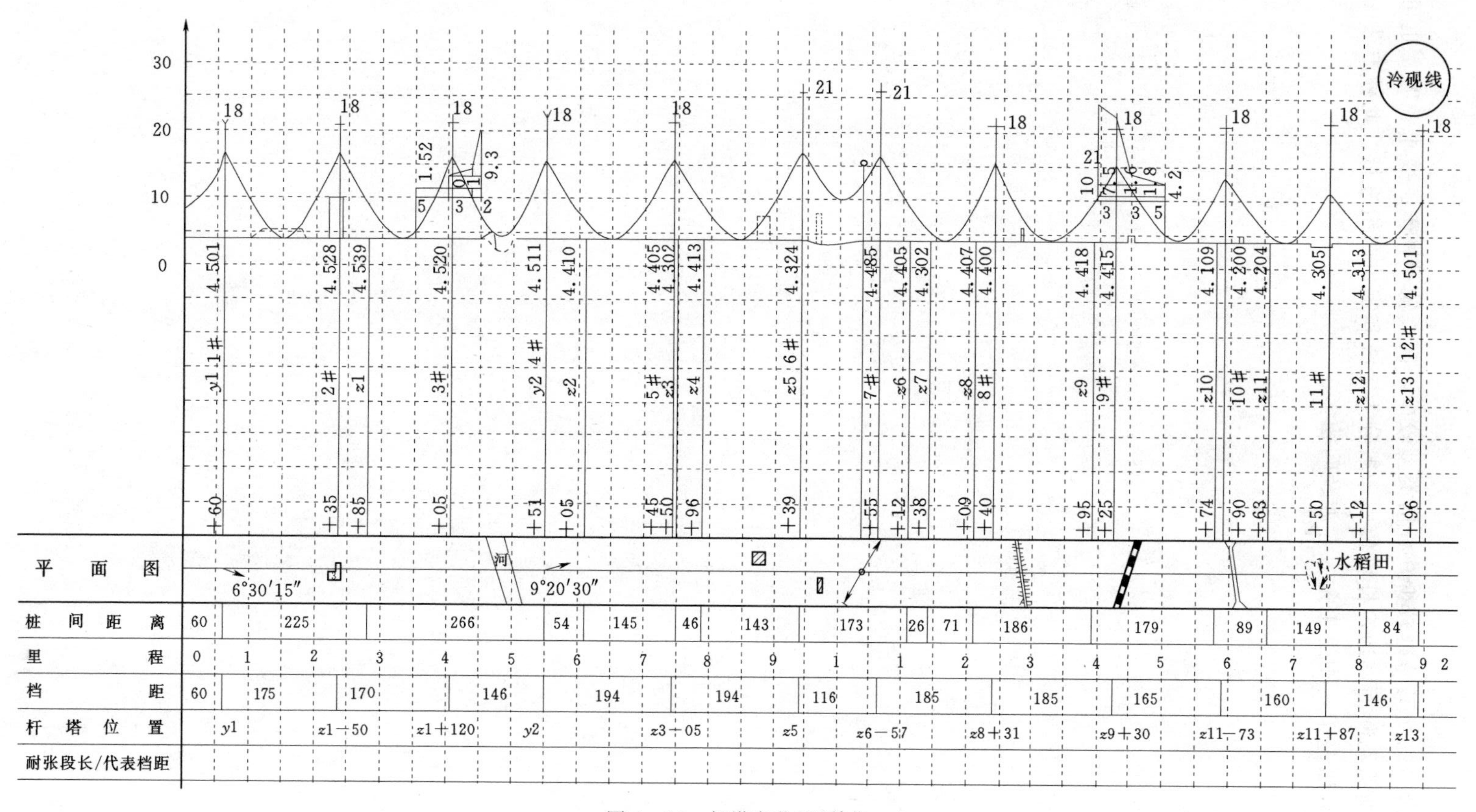

图 4-13　杆塔定位图(单位:m)

定法。

当线路沿线的交叉跨越较少，杆塔类型较少，高差较小，施工要求急时，也可采用边测边定法。即边测断面，边定杆塔位，一般分为定线和定位两组进行。此种方法一定要仔细认真，一旦出差错，则返工量大，涉及问题多。

第五章 输电线路施工测量

第一节 杆塔主杆基础分坑测量

一、测量目的

把杆塔基础坑的位置测定，并钉立木桩作为基础开挖的依据。

二、器材与用具

测量时所用的工具主要有经纬仪、皮尺、花杆、木桩、计算器、铅笔等。

三、分坑步骤

分坑测量根据明细表中的杆塔宽度 D、基础设计坑深 H、施工中的操作裕度 e、开挖的坡度 f 来计算放样尺 a，即

$$a=D+2e+2fH \tag{5-1}$$

（一）单杆基础坑测量

1. 确定方向 $O-1'$

如图 5-1 所示，将仪器安置在杆位中心桩标记 O 点上，瞄准辅助桩 A（或 B），将水平度盘读数调到 0°0′0″位置；然后，使望远镜水平旋转 45°，用花杆在适当距离定位，设此处点为 $1'$点。

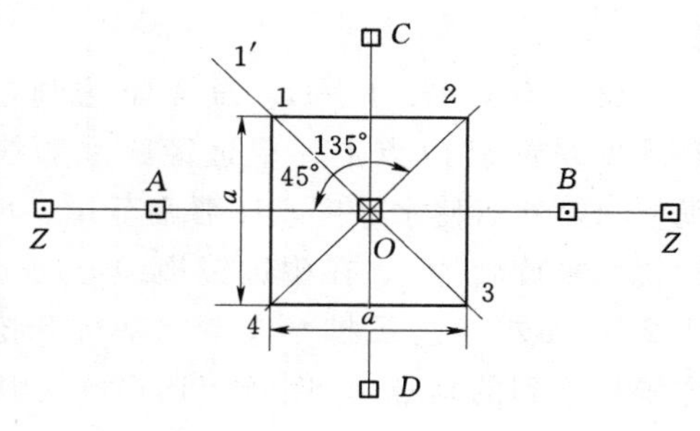

图 5-1 单杆基础坑测量图

2. 确定 1～4 点

皮尺量距将皮尺在 $O-1'$上拉直拉平，零刻画线对准 O 点，量取$\frac{\sqrt{2}}{2}a$ 的尺寸长度得 1 点；以后逐次顺时针旋转照准，在水平度盘读数分别为 135°、225°及 315°的方向上，同样量取$\frac{\sqrt{2}}{2}a$ 尺长，则分别可得 2～4 点，并在这些点上钉立木桩，即为单杆主基础坑的四角顶点标志，则分坑完毕。

（二）直线双杆基础坑测量

在直线双杆基础坑测量中，x 为基础的根开，如图 5-2 所示。

(1) 将仪器安置在杆位中心桩标记 O 点上，用望远镜瞄准横向辅助桩 C 的标记，在 $O-C$ 的方向上，用皮尺分别量取 $(x-a)/2$ 和 $(x+a)/2$ 长度，得图 5-2 中的 E、F 两点。

（2）将视距尺的某整数指标对准 E 点，指挥施尺员使尺的一条棱线与望远镜的横丝重合时，在正点的两边尺上，分别量取$\frac{a}{2}$的长度得 3、4 两点。再将视距尺移至 F 点，重复上述操作即可得1、2 两点。最后，分别在各点位置钉立木桩，则杆塔左侧基坑测量完毕。

（3）倒转望远镜，重复上述操作方法，即可测量出杆塔右侧基坑口的地面位置。

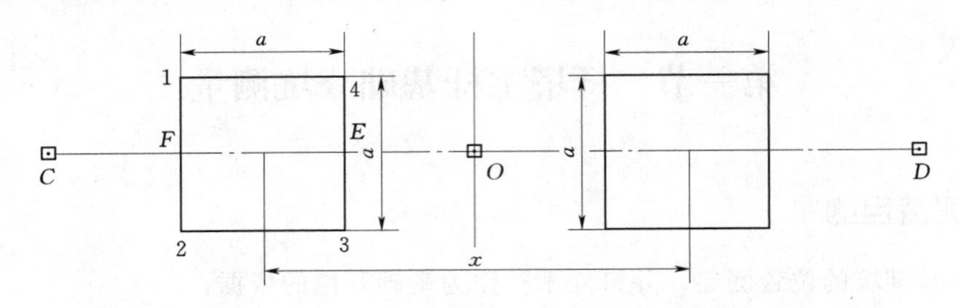

图 5-2 直线双杆基础坑测量图

（三）直线四脚铁塔基础坑测量

1. 正方形基础（等根开等坑口宽度）的分坑测量

如图 5-3 所示，4 个基础的放样尺寸都为 a；基础的横向根开和纵向根开都为 x，则 4 个坑中心所组成的图形 $O_1O_2O_3O_4$ 为正方形，所以此基础称为正方形基础。分坑测量步骤如下：

（1）确定 E、F、G、H 4 个控制桩。将经纬仪安置于 O 点上，望远镜瞄准顺线路辅助桩 A，然后使水平度盘读数调至 0°。再将望远镜水平旋转 45°，在望远镜视线方向上取大于 2～3m 外钉立 E 桩（应考虑基坑开挖的土方堆积不到的地点）。倒转望远镜与上述距离相近的视线上钉立 F 桩。再将望远镜水平旋转 90°在正、倒镜的视线方向上，依上述方法钉立 G、H 桩。则 E、F、G 及 H 均为铁塔基础对角线的控制桩。

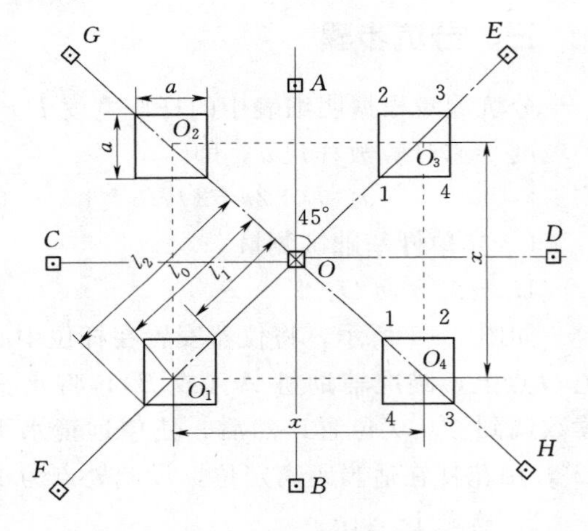

图 5-3 正方形基础坑测量图

（2）在 O-E 方向上水平拉紧皮尺，皮尺的零指标线对准中心桩的 O 点。在尺上量取 $O_1=l_1$、$O_3=l_3$ 的长度，可得基坑的 1 点和 3 点，即

$$l_1=\frac{\sqrt{2}}{2}(x-a) \tag{5-2}$$

$$l_2=\frac{\sqrt{2}}{2}(x+a) \tag{5-3}$$

（3）在皮尺上取 $2a$ 长度；使其两端分别固定在 1 点和 3 点上，拉紧尺长的中点则得 2 点；使尺长的中点折向另一侧，即可得图中的 4 点。将 1～4 点分别钉立木桩，则铁塔

基础的坑口放样工作完成。其他3个基坑的分坑方法，依上述操作方法进行。

2. 矩形基础（不等根开等坑口宽度）的分坑测量

如图5-4所示，4个基础的放样尺寸都为a；基础顺线路根开为x，横线路根开为y，则4个基础坑中心点所组成的图形$O_1O_2O_3O_4$为矩形，所以此基础称矩形基础。这种基础坑口的内、外对角顶点，不能同时在矩形基础的对角线上，所以，就不能利用正方形基础的分坑方法进行分坑测量。

（1）方法一。具体步骤如下：

1）仪器安置在塔位中心桩O点上，望远镜瞄准顺线路辅助桩，在正、倒镜的视线方向上钉立分坑控制桩A和B，使$OA=OB=(y+a)/2$。然后，使望远镜水平旋转90°，用正、倒镜再钉立分坑辅助桩C和D，且使$OC=OD=1/2(x+a)$。

2）以$OA+OC=[(y+a)+(x+a)]/2=a+(x+y)/2$长度，将截尺长度的两端分别固定于$A$、$C$两桩的标记上，另一指挥施尺员从$C$点起取$1/2(x+a)$尺长处拉紧拉平，则$C$点在地面上的投影为Ⅱ号基坑口的2点位置，自$C$点向两侧分别截取尺长为$a$，即可得1点、3两点位置，如图5-4所示。

3）以$2a$尺长，并以其两端固定于1、3两点上，将此尺段的中点向塔位中心桩方向拉紧并拉平，其投影位置为坑口4点。最后，将各点钉桩标志，即得本铁塔基础的Ⅱ号基坑口放样位置。

4）将固定于A点的尺端移至图5-4中的B点上，再按上述操作方法操作，即可分完Ⅰ号基坑。

5）铁塔的另一侧基坑，依上述操作方法，即可定出Ⅲ、Ⅳ号坑口位置。

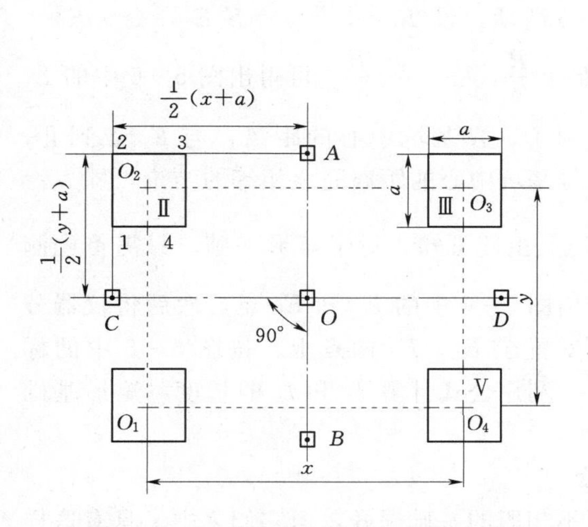

图5-4　矩形基础坑测量方法一示意图

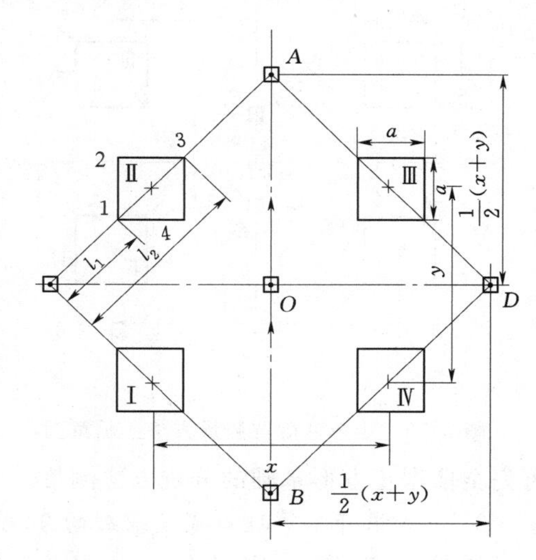

图5-5　矩形基础坑测量方法二示意图

（2）方法二。具体步骤如下：

1）如图5-5所示，将仪器安置在塔位中心桩O点上，瞄准顺线路辅助桩，在望远镜的视线方向上用尺量出水平距离$OA=(x+y)/2$的长度钉A桩；倒镜视线上同样的长度钉B桩。再使望远镜水平旋转90°，在望远镜正、倒镜视线上钉立C、D桩，且使$OC=$

$OD=(x+y)/2$。则 A、B、C、O 4 个桩即为正方形的 4 个顶点，它们不但是基础分坑时的控制桩，也是基础找正时的控制桩。

2）将尺的零刻画线固定，如图 5-5 所示 C 桩标记上，并使尺拉紧拉平于 A 桩，自 C 点起分别截取 l_1 和 l_2 长度，得 1、3 两点，以 $2a$ 尺长的两端固定在 1、3 两点上，将尺段长的中点拉紧并拉平，按正方形分坑定点方法，即可得 2、4 两点，再将 1～4 点分别钉桩，Ⅱ号基坑分坑完毕。

l_1 和 l_2 的截尺长度，如图 5-5 所示几何关系可得：

以 C（或 D）为起点时

$$l_1=\frac{\sqrt{2}}{2}(y-a) \tag{5-4}$$

$$l_2=\frac{\sqrt{2}}{2}(y+a) \tag{5-5}$$

以 A（或 B）为起点时

$$l_1=\frac{\sqrt{2}}{2}(x-a) \tag{5-6}$$

$$l_2=\frac{\sqrt{2}}{2}(x+a) \tag{5-7}$$

3）将 A 点处的尺移至 B 点，C 点尺端仍不动，按上述方法操作，即可分坑测量出Ⅰ号基坑。另一侧基坑放样，完全按上述步骤分坑即可。

(3) 方法三。实际中矩形铁塔基础的横向根开，往往大于纵线路根开，即 $x>y$，如图 5-6 所示。设 $R=x-y=E_1E_2$，令 $OE_1=OE_2=\frac{R}{2}$，$\frac{x}{2}=\frac{y+R}{2}$。可得出图 5-6 中的 E_1 点到Ⅰ、Ⅳ基坑中心的距离，与 E_2 点到Ⅱ，Ⅲ号基坑中心的距离完全相等的结论，即 $l_0=\frac{\sqrt{2}}{2}x$。由此可知，对于矩形基础，只需首先测定出图 5-6 中的 E_1 和 E_2 点，然后将仪器分别安置于 E_1，E_2 两点上，按图 5-6 中的标示，利用公式计算 l_1 和 l_2 的长度，矩形基础可完全依据正方形基础的分坑方法测量。

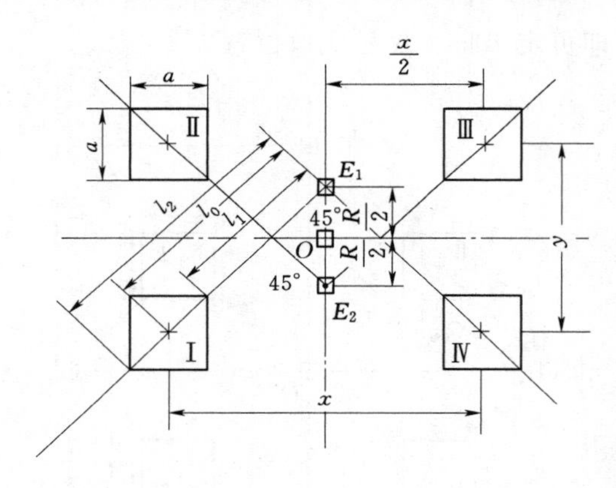

图 5-6　矩形基础坑测量方法三示意图

3. 不等根开不等坑口宽度基础的分坑测量

如图 5-7 所示，基础有 x、y 及 z 3 个互不相等的基础根开，但它们之中又具有这样的关系，即横线路根开 $y=y_1+y_2$，而 $y_1=\frac{x}{2}$，$y_2=\frac{z}{2}$所以 $\theta=45°$，两组基坑的中心分别在两条互相垂直的对角线上。这种基础的分坑方法与正方形基础的分坑方法完全相同。但不要把大基坑与小基坑在线路侧的位置互相调换。本类型基础多用于高低腿铁塔及部分转角铁塔中。

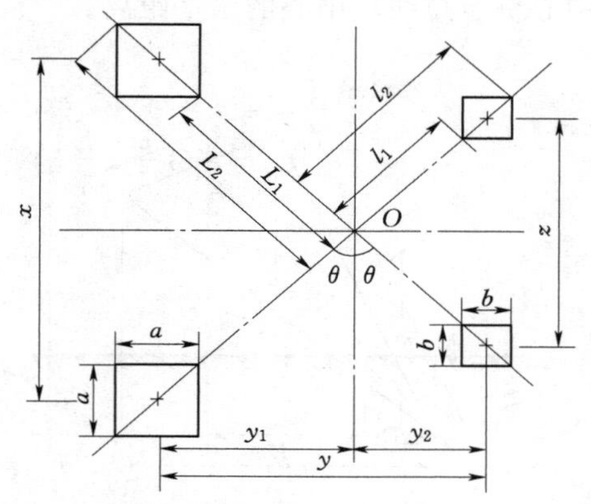

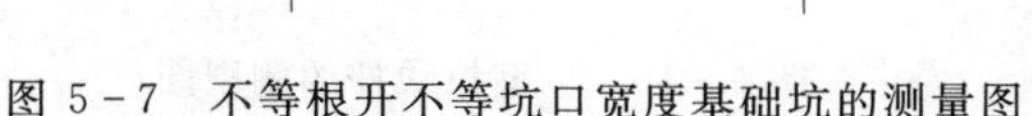
图 5-7　不等根开不等坑口宽度基础坑的测量图

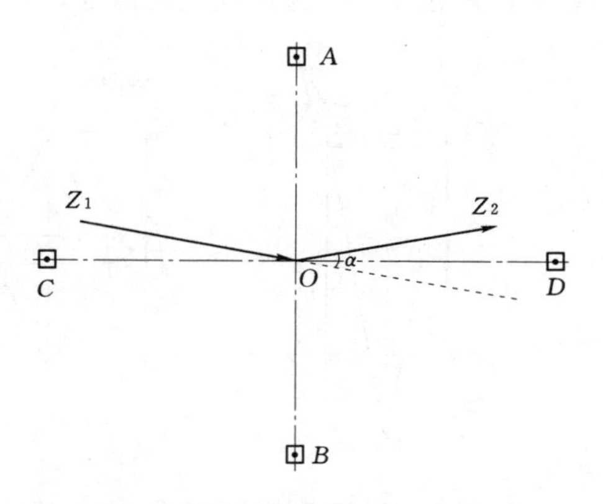

图 5-8　转角铁塔基础坑的测量图

(四) 转角四脚铁塔基础坑

如图 5-8 所示，线路由 Z_1-O 进入，再由 $O-Z_2$ 输出，在 O 点左转 α 角。现要测 O 点处杆塔的 4 个基础坑位置。

(1) 确定分坑基准线。在 O 点安置好经纬仪，瞄准好 Z_1 直线桩，水平度盘调到 0°。然后转 $(180°-\alpha)/2$ 钉立 A 桩，倒转望远镜钉立 B 桩；在 AB 垂直方向上再分别钉立 C、D 桩。则 AB、CD 为分坑基准线。

(2) 分坑。根据坑的类型（正方形、矩形、不规则形），以 AB、CD 为基准进行相应分坑即可。

第二节　拉线基础分坑测量

一、测量目的

把杆塔拉线基础坑的位置测定，并钉立木桩作为拉线基础开挖的依据。

二、器材与用具

测量时所用的工具主要有经纬仪、皮尺、花杆、木桩、计算器、铅笔等。

三、分坑步骤

分坑测量根据明细表中的杆塔宽度 D、基础设计坑深 H、施工中的操作裕度 e、开挖的坡度 f 进行计算放样尺寸 a。

$$a=D+2e+2fH \tag{5-8}$$

(一) V 型拉线

如图 5-9 所示，是 V 型拉线杆的横剖视及俯视图。V 型拉线坑分布在横担的两侧，各侧一个坑，坑中心都在线路的中心线上。

图 5-9 中：h 为拉线悬挂点与杆位中心桩地面的垂直高度；a 为拉线悬挂点至线路中

线的水平距离；H 为拉线坑的深度；D 为杆位中心桩至拉线坑中心的水平距离。

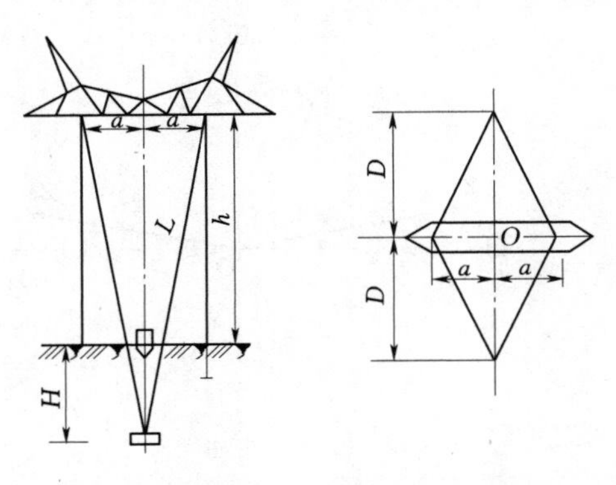

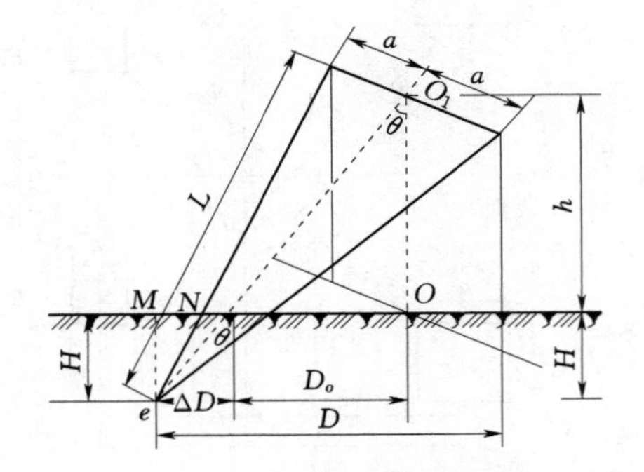

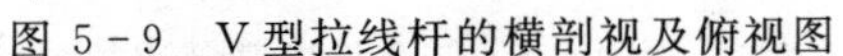

图 5-9　V 型拉线杆的横剖视及俯视图　　　　图 5-10　V 型拉线杆的侧视图

图 5-10 中：O_1 是两拉线悬挂点间的中心；θ 为 V 型拉线杆轴线平面与拉线平面之间的夹角；P 点是拉线坑中心；M 点是拉线坑中心 P 的地面点位置；N 点是拉线平面中心线 O_1P 与地面的交点；h 为拉线悬挂点与中心桩地面的垂直距离。

1. 拉线坑地面接触点 N 与杆位桩中心地面 O 点等高时

（1）拉线长度计算：

如图 5-10 所示，由几何关系可以得出：

$$D_o = h\tan\theta$$
$$\Delta D = H\tan\theta$$
$$D = D_o + \Delta D = (h+H)\tan\theta$$

则拉线全长

$$L = \sqrt{O_1P^2 + a^2} = \sqrt{(h+H)^2 + D^2 + a^2} \tag{5-9}$$

（2）拉线基础坑测量：

1）确定 N、M 点：

如图 5-11 所示，将经纬仪安置在杆位中心桩 O 点上，瞄准顺线路辅助桩 A 点，在望远镜的视线方向上，用尺分别量取 $ON=D$。$NM=\Delta D$，则得 N 及 M 两点位置。

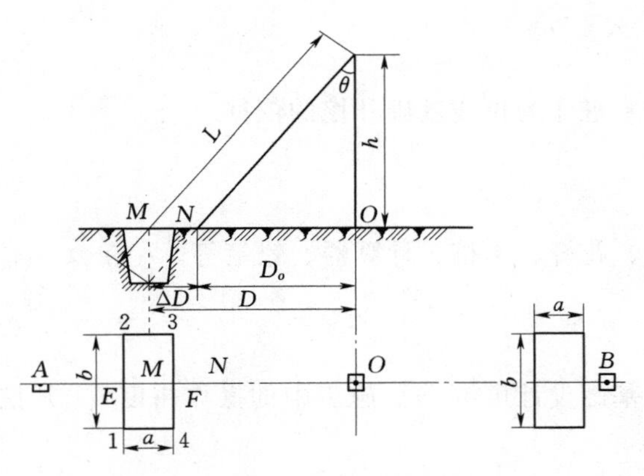

图 5-11　平坦地面拉线基础坑测量图

2）确定坑位 1～4 点：

在望远视线上量取 $ME=MF=a/2$ 的长度（拉线坑口宽），得 E、F 点；将视距尺的中点对准 E 点，并使尺的一条棱线与望远镜横丝重合，在尺的中点两边分别量出 $b/2$ 的长度（拉线坑口长），得 1、2 两点；再将视距尺移至 F 点，按同样方法操作，也可得 3、4 两点。最后，在 1～4 点分别钉木桩，此拉线坑测量放样完毕。

3）倒转望远镜，按上述相同方法操作，即可测出另一侧的拉线坑口位置。

2. 当 N 点地面高于杆位桩地面 O 点时

（1）拉线长度计算：

如图 5－12 所示，当 N 点地面高于中心桩 O 点地面 Δh 时，相当于拉线的悬挂点高度降低了一个 Δh 高度。此时有

$$D_o=(h-\Delta h)\tan\theta$$

$$\Delta D=H\tan\theta$$

$$D=D_o+\Delta D=(h+H-\Delta h)\tan\theta$$

则拉线的全长（将比平地时缩短）为

$$L=\sqrt{O_1P^2+a^2}=\sqrt{(h+H-\Delta h)^2+D^2+a^2} \tag{5-10}$$

（2）拉线基础坑测量：

因 N 点位置随 Δh 的变化而变化，而 Δh 因实际位置不明确又无法得出，所以，此处的 N 点位置要用试凑法来确定。

1）先定出平地时的 N 平点位置，然后在 N 平点立视距尺，测出此时 N 平点与 O 点的实际高差 Δh_1，当 Δh_1 为正时向 O 点移动 $h\tan\theta$ 得 N_1 点。

2）实际测出 N_1 与 O 点的高差 Δh_2、N_1 至 O 点的平距。根据 Δh_2 计算出 N_1 与 O 点的平距，查看计算与实际平距是否相符。

3）再按上述方法试凑，直到某一点对 O 点的实际测距和计算距离相等时，此点才为所求测的 N 点。

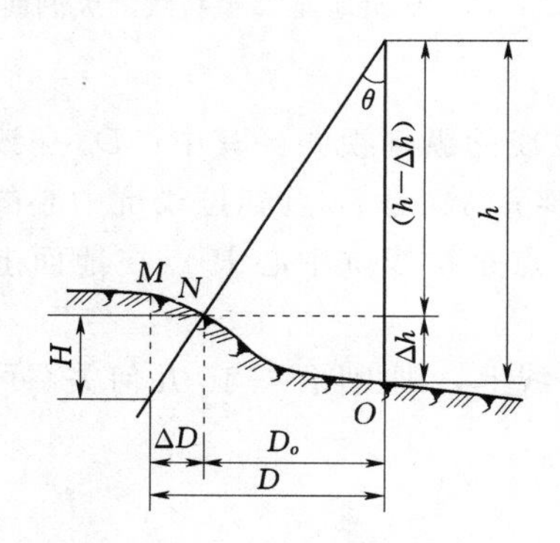

图 5－12　N 点地面比 O 点高时的拉线基础坑测量图

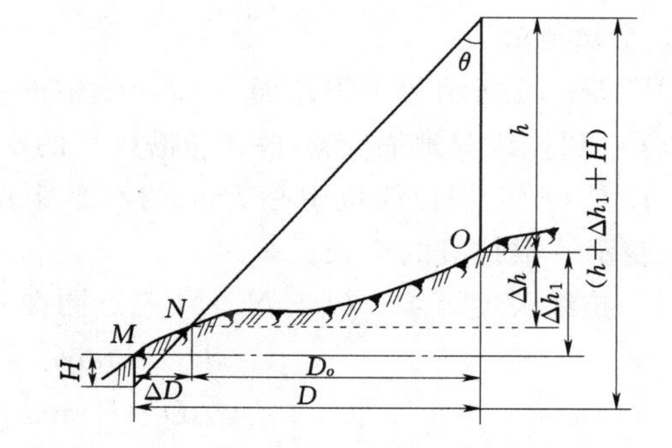

图 5－13　N 点地面比 O 点低时的拉线基础坑测量图

3. 当 N 点地面低于杆位桩地面 O 点时

（1）拉线长度计算。如图 5－13 所示，当 N 点地面低于中心桩 O 点地面 Δh 时，相当于拉线的悬挂点增高了一个 Δh 的高度，D_o、D 及 L 的长度也将增加。此时有

$$D_o=(h+\Delta h)\tan\theta$$

$$\Delta D=H\tan\theta$$

$$D=D_o+\Delta D=(h+H+\Delta h)\tan\theta$$

则拉线的全长：

$$L=\sqrt{O_1P^2+a^2}=\sqrt{(h+H+\Delta h)^2+D^2+a^2} \tag{5-11}$$

(2) 拉线基础坑测量。用试凑法。具体测量步骤同当 N 点地点高于杆位桩地面 O 点时的测量步骤。

(二) X 型拉线

如图 5－14 所示为 X 型拉线杆的横剖视及俯视图，拉线坑分布在横担的两侧，各侧都有两个坑。

图 5－14 中：h 为拉线悬挂点到地面的垂直高度；θ 为拉线与拉线悬挂高度 h 之间的夹角；H 是拉线坑的洞深；a 是拉线悬挂点到横担中点的距离；β 角是拉线与横担轴线在水平方向上的夹角；O_1、O_2 两点都是拉线与横担轴线的交点；O 点是拉线杆位中心桩标记。

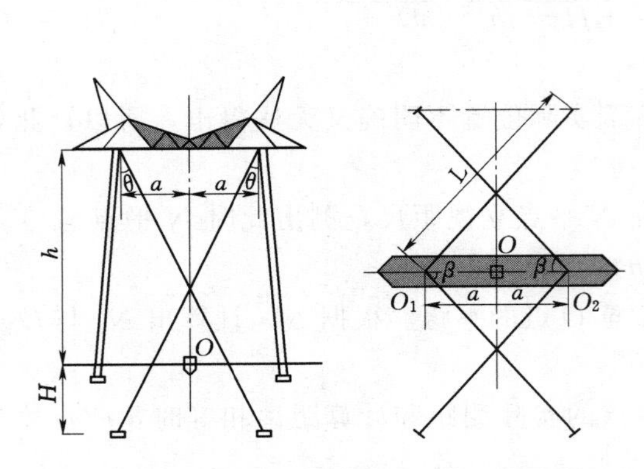

图 5－14 X 型拉线杆的横剖视及俯视图

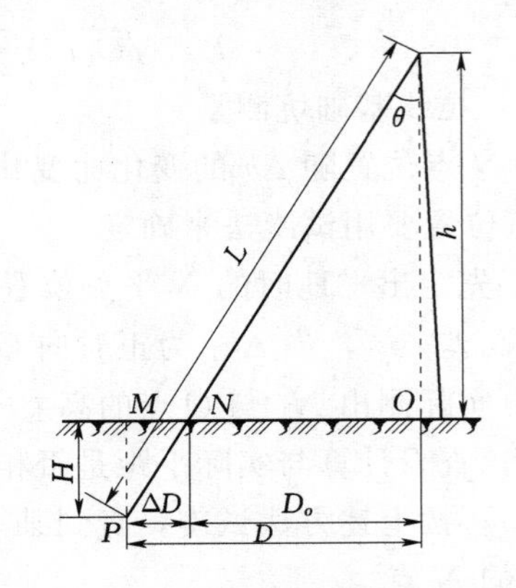

图 5－15 平坦地面 X 型拉线的纵剖面图

1. 平坦地面

如图 5－15 所示为平坦地面 X 型拉线中的一根拉线的纵剖视图，其中：D_o 是该拉线悬挂点 O_1 到拉线与地面交点 N（马槽口）的水平距离；ΔD 是 N 点到拉线坑中心的水平距离；D 是 O_1 点到拉线坑中心 P 点的水平距离；M 点是拉线坑中心 P 点在地面上的位置；L 表示一根拉线的全长。

(1) 拉线长度计算。O_1、N、M 三点同在一水平线上，则由图 5－15 几何关系可得出

$$D_o = h\tan\theta$$

$$\Delta D = H\tan\theta$$

$$D = D_o + \Delta D = (h+H)\tan\theta$$

则拉线全长为

$$L = (h+H)/\cos\theta \tag{5-12}$$

(2) 施测方法：

1) 测定 O_1、O_2 点。将经纬仪安置于杆位桩 O 点上，用望远镜瞄准杆位的横向辅助桩（或是瞄准线路直线桩后旋转 90°），在望远镜的正、倒镜视线方向上，用钢尺量取 $O_1 = O_2 = a$，即得 O_1、O_2 两地面点位置，钉立木桩且标记。

2) 测定 N、M 点。将经纬仪移至 O_1 点安置，用望远镜瞄准 O_2 点（或横向辅助桩），同时使水平度盘于 0°位置。然后使望远镜顺时针水平旋转 β 角度，在视线方向上用尺量取按 D_o 和 D，即可得 N 点、M 点。

3) 其后再使望远镜反时针水平方向旋转 2β 角度，按同样方法对图 5－15 中的另一根

拉线坑进行分坑测量。

4）再将经纬仪移至 O_2 桩上安置，完全按上述操作程序进行，即可完成图 5－15 中其他拉线坑位的测量工作。

注：实测中为防止 X 型拉线在交叉处的磨损，在将仪器移至 O_2 桩位测量拉线坑位时，一般都是将 β 角值增大或缩小 1°左右。

2. *N* 点地面高于 *O* 点地面

（1）拉线长度计算为

$$D_o=(h-\Delta h)\tan\theta$$

$$\Delta D=H\tan\theta$$

$$D=D_o+\Delta D=(h+H-\Delta h)\tan\theta$$

则拉线全长为

$$L=(h+H-\Delta h)/\cos\theta \tag{5-13}$$

（2）施测方法同 V 型拉线的方法。

3. *N* 点地面比 *O* 点地面低

（1）拉线长度计算为

$$D_o=(h+\Delta h)\tan\theta$$

$$\Delta D=H\tan\theta$$

$$D=D_o+\Delta D=(h+H+\Delta h)\tan\theta$$

则拉线全长为

$$L=(h+H+\Delta h)/\cos\theta \tag{5-14}$$

（2）施测方法同 V 型拉线的方法。

第三节　基础的操平找正

一、测量目的

开挖后的基础坑质量，是基坑能否进行基础施工的关键，为了确保各类型的基础是建筑在指定的杆塔位置上，必须以杆塔位中心桩为依据，对基坑进行质量检查、对施工中的基础进行操平找正。

二、器材与用具

测量时所用的工具主要有经纬仪、钢尺、花杆、木桩、模板、小样板、计算器、铅笔等。

三、操平找正步骤

1. 门型杆基础

门型杆的基础形式一般都是采用底盘或底座，如图 5－16 所示。混凝土电杆均采用如图 5－16（a）所示的形式的底盘，钢杆均

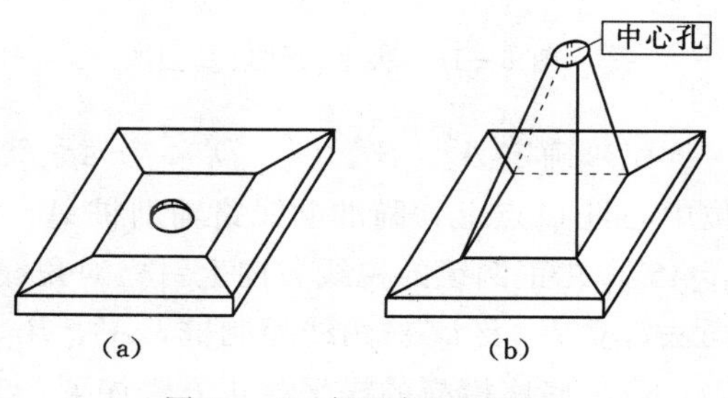

图 5－16　门型杆基础图

（a）底盘；（b）底座

采用如图 5－16（b）所示的形式的底座。

（1）画线确定底盘中心。底盘表面中心有一个圆柱形的凹洞，过凹洞表面画两条互相垂直的直线，则其交点必然是底盘的中心，底盘和底座的中心是操平找正门型杆基础的依据。

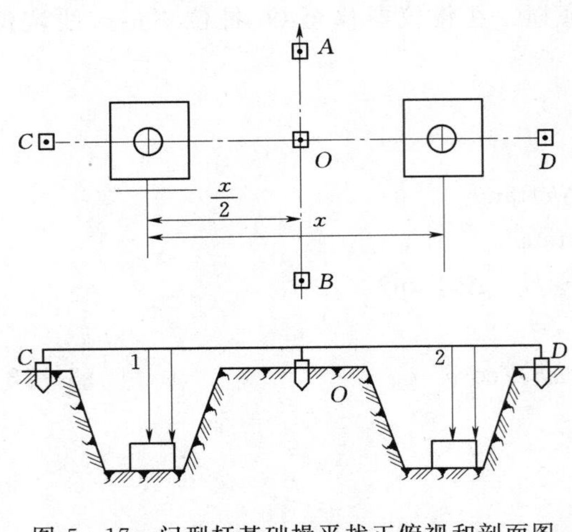

图 5－17 门型杆基础操平找正俯视和剖面图

（2）测定操平找正方向。如图 5－17 所示，将经纬仪安置在杆位中心桩 O 点上，瞄准杆位的横向辅助桩 C（或 D），在望远镜的视线方向上拨动底盘，使底盘上的画的直线与视线重合。

（3）测定找正位置。用钢尺的零刻划线对准杆位桩 O 点，向 C 桩将尺拉紧并拉平，于一半根开距离即 1 点处将垂球悬下，拨动底盘使凹洞的中心标记与垂球尖重合，则此坑底盘的找正工作就算完成。倒转望远镜按上述方法操作，亦可完成另一侧底盘的操平找正工作。

（4）底盘操平。分别在底盘上竖立水准尺，O 点安置水准仪（或经纬仪）检查读数是否相同，且底盘符合埋深要求。

2．现场浇注地脚螺丝式基础

如图 5－18 所示，铁塔 4 个大平板基础采用现场浇注方式，基础由底座、立柱和地脚螺丝组成，根开为 X，底座宽度为 D，立柱宽度为 D_1。

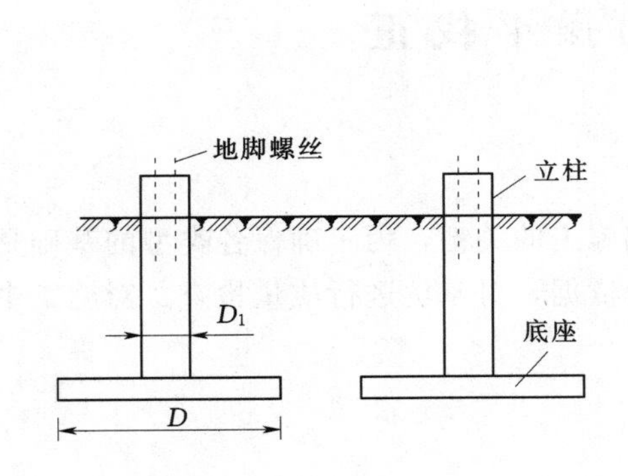

图 5－18 大平板铁塔基础图

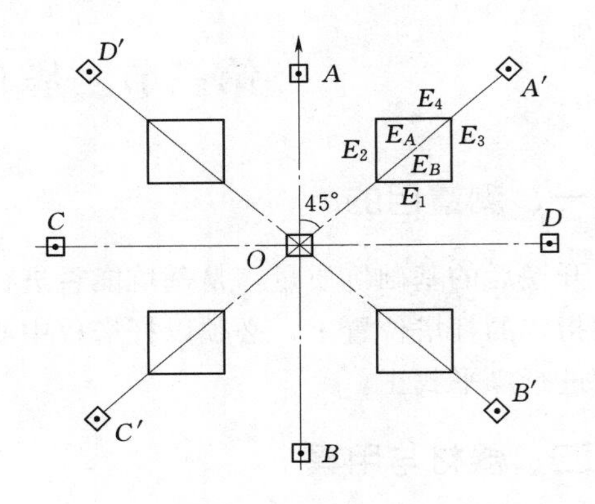

图 5－19 控制桩测量图

（1）确定 A'、B'、C'、D' 4 个对角线控制桩。如图 5－19 所示，将经纬仪安置在塔位中心桩 O 点上，瞄准顺线路辅助桩 A，水平度盘读数调至整 0°；然后使望远镜水平旋转 45°，在正倒镜的视线方向上钉立对角线控制桩 A'和 C'，再使望远镜水平旋转 90°，依同法钉立 B' 及 D'对角线控制桩，A'、B'、C'及 D'，4 个桩面与塔位桩桩面等高。

（2）底座模板的操平找正方法如下：

1）找正。在控制桩和中心桩上的中心标记处钉一小钉，在小钉上拉一条细线，并拉紧拉平，自 O 点起用钢尺在拉线上精确量取 E_1 及 E_3 的长度，并在这两点位置上作出标记，分别于 E_1 及 E_3 标记处悬挂垂球，如图 5－20 所示。按尺寸组合好底座模板盒，调整模板盒的两内对角顶点与垂球尖重合，同时使模板盒的邻边互相垂直。当底座模板盒达到上述要求后，用木桩或其他器材使模板盒壁与坑壁之间大致固定，其中

$$E_1=\frac{\sqrt{2}}{2}(X-D) \tag{5-15}$$

$$E_3=\frac{\sqrt{2}}{2}(X+D) \tag{5-16}$$

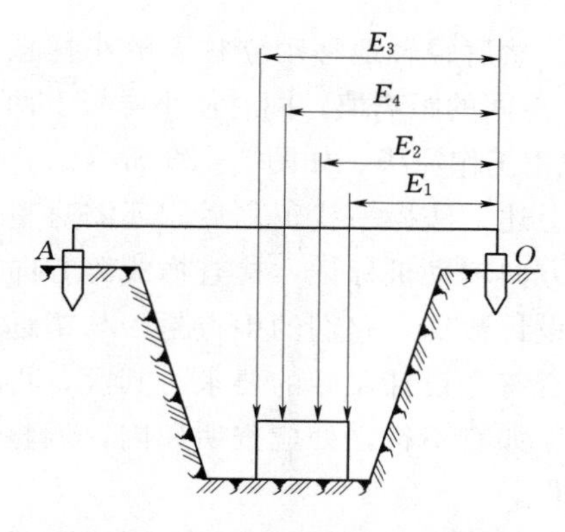

图 5－20　底座模板找正示意图

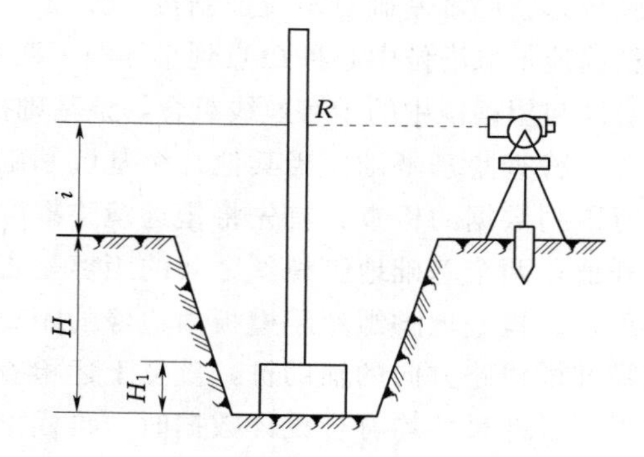

图 5－21　底座模板操平示意图

2）操平。旋转望远镜，在模板盒上的 4 侧先后立视距尺，如图 5－21 所示。读取望远镜中丝读数 R，4 侧读数值均应为

$$R=i+H-H_1$$

式中　i——仪高；

H——基础的洞深；

H_1——基础底座的高度。

若 R 值不等，坑内支模人员与观测员密切配合，用斜块将模板底盒垫平，使 4 侧的中丝读数值一致。再将底座模板盒与坑壁之间支撑牢固。

（3）立柱模板的操平找正。将基础的立柱模板盒竖直地组装在底座模板盒上，根据计算的 E_2、E_4 平距值，依上述同样方法来操平找正立柱模板盒，并将其与坑壁支撑牢固，其中

$$E_2=\frac{\sqrt{2}}{2}(X-D_1) \tag{5-17}$$

$$E_4=\frac{\sqrt{2}}{2}(X+D_1) \tag{5-18}$$

（4）地脚螺丝的操平找正。用小样板来操平找正地脚螺丝，小样板如图 5－22 所示。小样板一般是由一块比立柱模盒对角线稍长一点的木板制成，其厚度约为 3～4cm、宽 10cm 左右（视地脚螺丝大小而定）。样板上根据基础地脚螺丝的直径及地脚螺丝间的距离 b 值钻孔，在两对角线孔的中心画一条直线，将小样板放在立柱模盒的顶面，而地脚螺丝的上端穿过小样板的孔洞，并拧上螺帽，伸出小样板外的螺丝长度应符合设计尺寸。

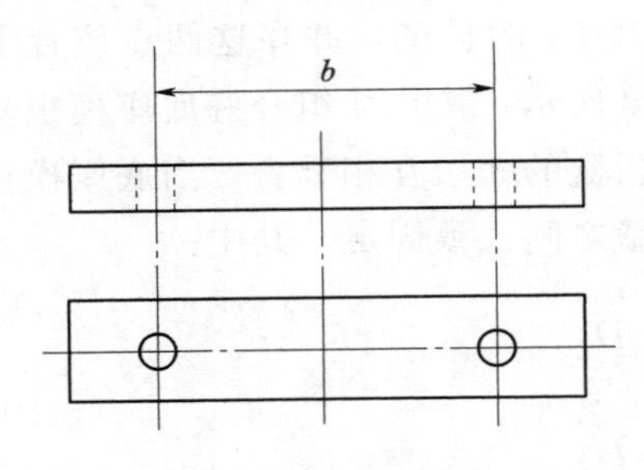

图 5-22　小样板结构图

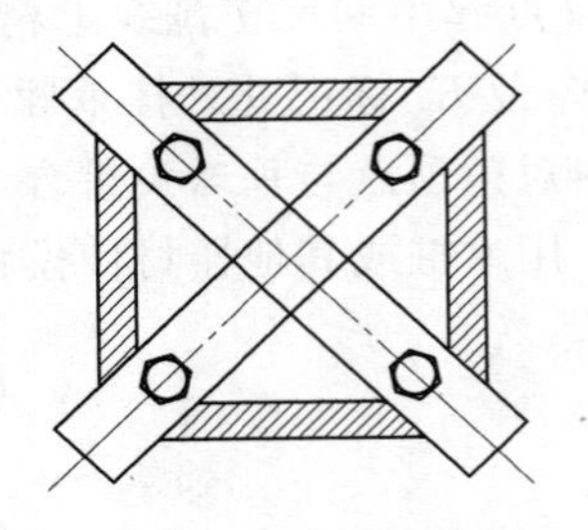

图 5-23　小样板的使用图

使望远镜瞄准基础对角线控制桩（如 A）标记。然后轻轻地移动立柱上的小样板，用钢尺精确地量取塔位中心桩 O 点到小样板上两直线交点间的距离值，同时使小样板上两条相交的直线与望远镜中的十字丝线重合，该基础操平找正工作完毕，如图 5-23 所示。

(5) 检查整基基础。当其他几个基坑基础也按上述方法操平找正之后，还需对整基基础进行下列数据的检查：首先将望远镜瞄准顺线路方向辅助桩标记，检查横线路方向的基础根开值；两个基础地脚螺丝之间的距离是否符合设计数据，它们的中点是否与望远镜的竖丝重合；检查地脚螺丝距模板内边缘的距离，是否符合设计尺寸的要求。其次，再将望远镜瞄准横线路方向的辅助桩，重复上述检查项目。如有不符之处应查明原因，调整小样板，直至各部尺寸均符合设计数据时，再固定小样板。

在基础进行混凝土浇灌及捣固的过程中，还应随时检查各部尺寸，发现误差应予以及时纠正。

第四节　基　础　检　查

一、测量目的

开挖后的基础坑质量，是基坑能否进行基础施工的关键，为了确保各类型的基础是建筑在指定的杆塔位置上，必须以杆塔位中心桩为依据，对基坑进行质量检查、对施工中的基础进行操平找正。

二、器材与用具

测量时所用的工具主要有经纬仪、钢尺、花杆、木桩、计算器、铅笔等。

三、检查的内容和步骤

(1) 基础的本体和整基基础的各部尺寸。

(2) 整基基础中心与塔位中心桩及与线路中心线的相对位置。

(3) 整基基础偏移检查。

图 5-24 (a) 为正方形地脚螺丝基础示意图；图 5-24 (b) 为插入式基础示意图。整基铁塔基础中心应与塔位桩中心重合，但图 5-24 中出现整基基础偏移顺线路方向或横

线路方向，把这种情况称之为整基基础偏移。

1）横线路方向偏移值检查及计算。将经纬仪安置在塔位桩中心 O 点上，望远镜瞄准线路前视方向的线路直线桩（转角塔应瞄准线路转角的平分线），测量望远镜视线侧的基础根开值中心点，是否与望远镜的竖丝重合。若不重合，则用钢尺量出实际偏差值 L_1. 再倒转望远镜，按同样方法测量出线路后视方向的偏移值 L_2，则整基基础的横线路方向偏移值为

$$\Delta x=(L_1-L_2)/2 \tag{5-19}$$

如图 5-24（b）所示出的基础正、倒镜偏移值，均在望远镜视线的同一侧，则整基基础横线路方向的偏移值为

$$\Delta x=(L_1+L_2)/2 \tag{5-20}$$

2）顺线路方向偏移值检查及计算。使望远镜从上述位置水平旋转 90°，用正、倒镜的同样方法量出如图 5-24 所示的偏移值 L_3 及 L_4，因测出的基础偏移值 L_3 及 L_4 分别在视线的两侧，则整基基础顺向偏移值为

$$\Delta y=(L_3-L_4)/2 \tag{5-21}$$

图 5-24（b）中，因测出的基础偏移值 L_3、L_4 均在望远镜视线的同一侧，整基基础顺向偏移值为

$$\Delta y=(L_3+L_4)/2 \tag{5-22}$$

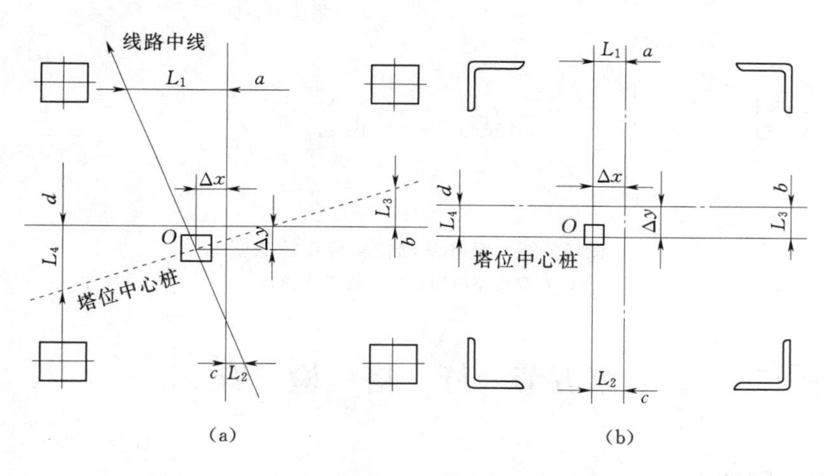

图 5-24　整基基础偏移检查示意图

（a）横线路方向偏移；（b）顺线路方向偏移

（4）整基基础扭转检查，如图 5-26 所示。若检查后整基铁塔基础中心与塔位桩中心重合，无偏移。但过塔位中心桩的顺线路方向和横线路方向，与铁塔基础的横向和纵向根开的中点不重合，则说明该铁塔基础产生了扭转。

1）顺线路方向扭转角的检查和计算。整基基础的扭转检查方法如图 5-25 所示。将经纬仪安置在塔位中心桩 O 点上，使望远镜瞄准线路前方的直线桩（检查转角塔基础时应瞄准线路转角的平分线），将水平度盘读数调到 0°位置。观测此时视线方向两侧基础的根开中点是否与望远镜的竖丝重合。若不重合，应松开照准部的制动螺旋，使望远镜瞄准 a 点，测出扭转角 θ_1 值。然后以 a 点为基准，使望远镜顺时针水平旋转（$90°-\theta_1$）角（即相当于水平

度盘读数为 0°时顺旋 90°)，观测顺线路侧两基础的根开中点 b，是否与此时的望远镜视线重合。若不重合，仍需依上述方法测出如图 5-25 所示的 θ_2 角度值。则顺线路扭转角为：

$$\theta=(\theta_1+\theta_2)/2 \tag{5-23}$$

如果观测中的扭转角 θ_1 与 θ_3 处在线路中心线的同一侧时，则

$$\theta=(\theta_1-\theta_2)/2 \tag{5-24}$$

2) 横线路方向扭转角的检查和计算。依上述同样方法测出扭转角 θ_3，及 θ_4，则横线路扭转角为

$$\theta'=(\theta_3+\theta_4)/2 \tag{5-25}$$

如果观测中的扭转角 θ_2 及 θ_4 处在过塔位桩的横线路方向的同一侧时，则

$$\theta'=(\theta_3-\theta_4)/2 \tag{5-26}$$

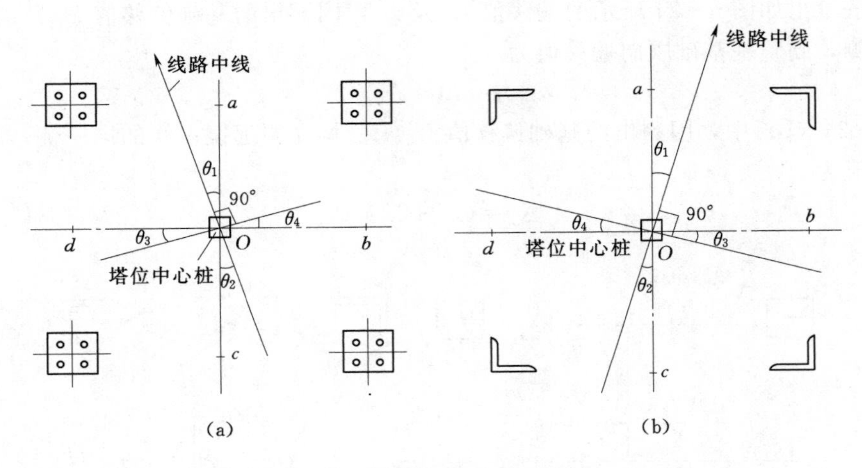

图 5-25　整基基础扭转检查示意图

(a) 顺线路扭转；(b) 横线路扭转

第五节　杆　塔　检　查

一、测量目的

对杆塔的组立质量及杆塔本身结构进行检查，保障输送电力能量的支柱安全，确保电力线路安全运行。

二、器材与用具

测量时所用的工具主要有经纬仪、钢尺、花杆、木桩、计算器、铅笔等。

三、检查的内容和步骤

1. 双立柱杆（门型杆）

(1) 结构根开检查。组立后的双立柱杆根开，需用钢尺实量双杆根部之间的根开（两

杆轴线间的距离）。采用钢尺往返量取，取平均值，看是否符合设计数据。如果符合，标出根开中心点 O_1 位置。

（2）直线杆结构中心与中心桩间横线路方向位移检查。根开数据满足设计要求后，检查根开中心 O_1 与中心桩 O 是否一致。如图5－26所示，将经纬仪安置在杆位纵向辅助桩（或线路的中线）A 上，使望远镜瞄准同方向 B 桩（因一般施工后 O 桩丢失）。如果双杆的实际根开的中点 O_1 不与望远镜的竖丝重合，说明杆结构中心有横线路方向的位移，则应用钢尺量出 O_1 点与 O 点间的水平距离值，Δx 就是双杆结构中心的横线路方向的位移值。

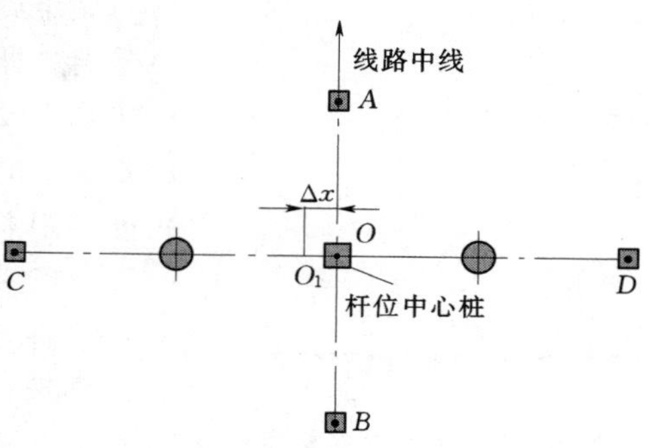

图 5－26　直线杆结构中心与中心桩间横线路方向位移检查示意图

如果检查转角杆结构中心与中心桩间的横、顺线路方向的位移，其检查方法与上述方法相同，但是经纬仪应分别安置在线路转角内侧的平分线上。

（3）电杆结构面对横线路方向的扭转检查。双立柱杆在组立之后，其两杆的轴线平面应通过杆位桩中心，并垂直于线路中心线。如果不垂直，必然有一杆在前，另一杆在后，即像人走路形态一样，一脚在前另一脚于后，故称之为迈步。

当前面两项内容检查符合后，就要检查有无迈步现象。检查方法如图 5－27 所示，将经纬仪安置在横向辅助桩 A_1 上，望远镜瞄准 A 辅助桩。然后使望远镜在竖直面旋转，观测电杆根部的中心线是否与视线重合。若不重合，应用钢尺量出电杆中心线与望远镜竖丝间的距离 D_1。再将仪器移至辅助桩 B 侧，以同样观测方法量出图 5－27 的 D_2 值。则电杆结构面对横线路方向的扭转值 D 为

$$D=D_2-D_1 \tag{5-27}$$

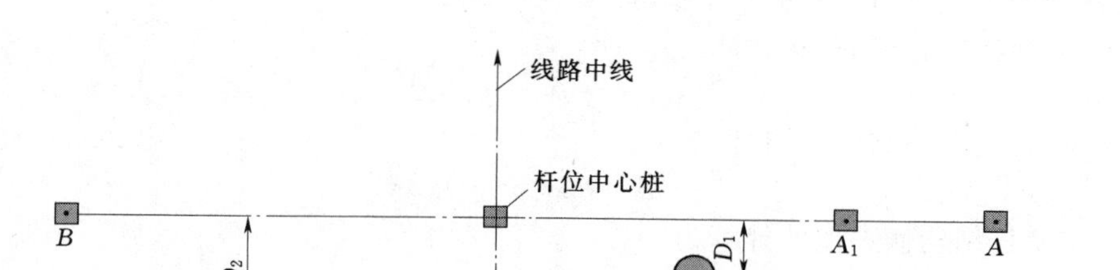

图 5－27　结构面对横线路方向扭转检查示意图

在 220kV 及以上电压等级中的门型电杆，因其根开距离较大（8m 及以上），它们的半根开值一般的仪器均能清晰可见。因此，即可将经纬仪直接安置在杆位中心桩 O 点上，观测电杆结构面的扭转。

（4）直线杆结构倾斜检查。前面 3 项如果检查后都是正确的，则说明门型杆的基础部分正确，接下来检查门型杆组立有无问题。首先，查杆组立后有无结构倾斜，包括杆结构

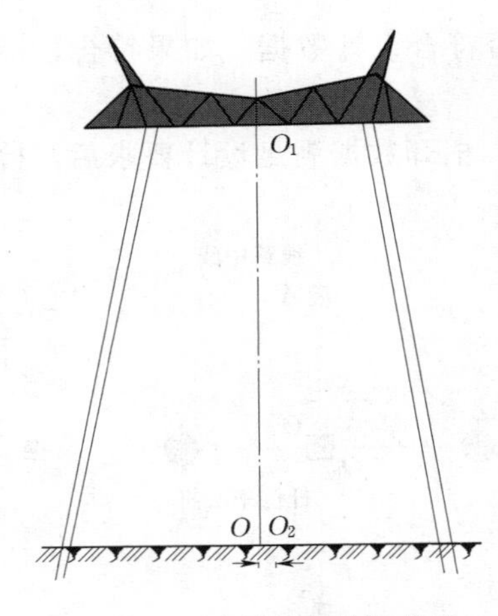

图 5-28 直线杆结构横线路方向倾斜检查示意图

在横线路方向和顺线路方向倾斜两种情况。

1）横线路方向倾斜检查。如图 5-28 所示，将经纬仪安置在线路中线辅助桩上，瞄准横担的中点 O_1，然后将望远镜下旋，俯视到直线杆根部 O_2 点。若 O_2 点与中心点 O 重合，即 O 点在十字丝竖线中间，则说明杆结构在横线路方向上没有倾斜：若 O 点不在竖丝中间，则杆结构有横线路方向的倾斜。此时，用钢尺量出 O_2 与根开中点 O 间的水平距离 Δx，即为直线杆结构对横线路方向的倾斜值。

2）顺线路方向倾斜检查。直线杆结构顺线路方向倾斜检查方法如图 5-29 所示，将经纬仪安置在杆位的横向辅助桩 C 点上，使望远镜视线瞄准平分横担之杆身处，然后使望远镜下旋俯视杆的根部。若视线平分杆根，则杆无顺线路方向倾斜；若视线不平分杆根，则杆有顺线路方向倾斜。此时，应用钢尺量出竖丝与杆根中线间的距离 y_1 值。

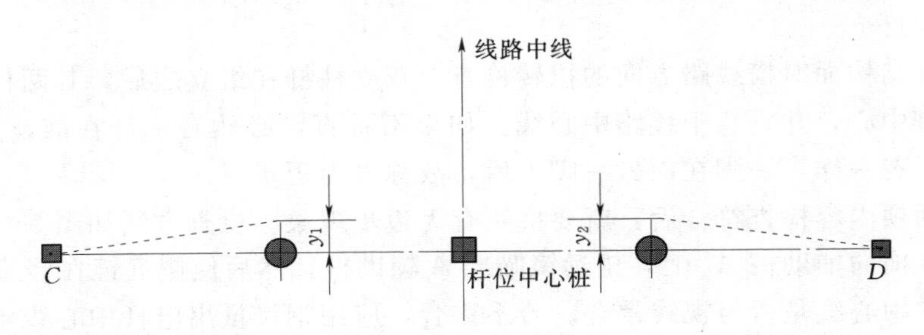

图 5-29 直线杆结构顺线路方向倾斜检查示意图

再将仪器移至杆的另一侧安置，依同样方法测量并测出该侧杆的顺线路方向倾斜值 y_2。则杆结构在顺线路方向的倾斜值为

当 y_1 与 y_2 同在中心桩的一侧时

$$\Delta y=(y_1+y_2)/2 \tag{5-28}$$

当 y_1 与 y_2 各在中心桩的一侧时

$$\Delta y=(y_1-y_2)/2 \tag{5-29}$$

3）整基杆结构倾斜值的计算为

$$整基杆结构倾斜值=\sqrt{\Delta x^2+\Delta y^2}/h \tag{5-30}$$

式中 h——直线杆的导线悬挂点对地垂直距离，即呼称高。

（5）双立柱杆横担在与电杆连接处的高差检查，如图 5-31 所示。将经纬仪安置在距双立柱杆几十米远的线路中心线上，使望远镜的十字丝交点对准一电杆与横担连接处的 A 点。然后转动照准部，使望远镜从一电杆转到另一电杆与横担连接处，即图 5-30 中的 B 点。若十字丝的交点与 B 点重合，则 A、B 两点同在一水平面上，表明横担处于水平位置；若十字丝交点与 B 点不重合，则应测出 A、B 两点间的高差值 H。

2. 铁塔检查

检查的主要项目有横担的水平状况和塔体结构倾斜两项内容。

（1）铁塔横担的水平检查。铁塔横担的水平状况检查的方法，与上述双立柱杆横担与

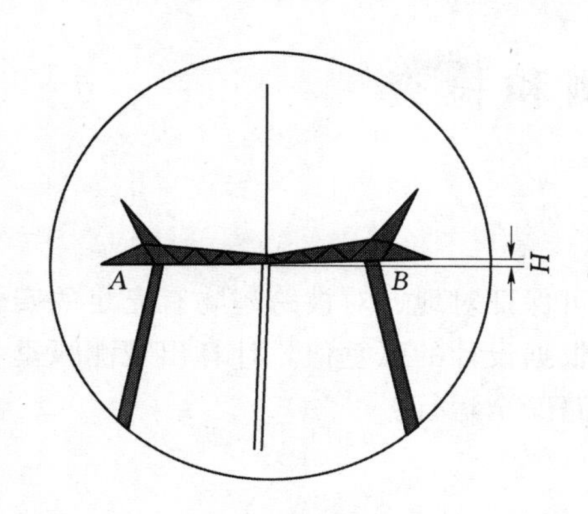

图 5-30　门型杆横担与电杆连接处的高差检查示意图

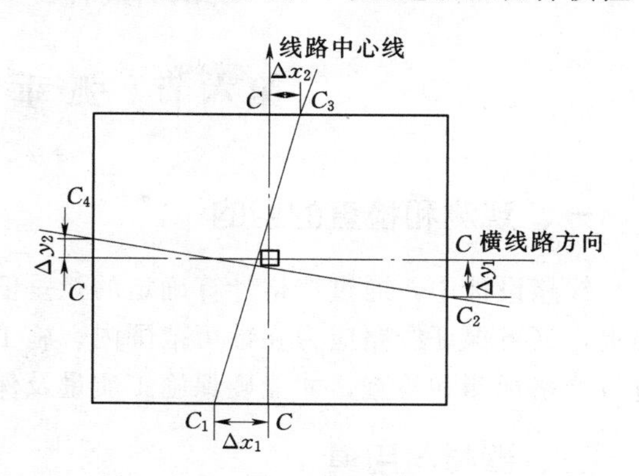

图 5-31　铁塔结构倾斜检查示意图

电杆连接处的高差检查方法相同。

（2）铁塔结构倾斜检查有以下方面：

1）横线路方向倾斜值检查。将经纬仪安置在距塔位 60～70m 远的线路中线某点上，用望远镜仰视瞄准铁塔正面横担的中点，如图 5-31 所示。若铁塔本体正面结构无横线路方向的倾斜，则塔身平口铁的中点 b 及接腿处平口铁的中点 c，都将与望远镜的竖丝重合。若 c 点不与望远镜竖丝重合，则表明铁塔本体结构的正面有横线路方向的倾斜。此时应量出 c 点与望远镜竖丝之间的距离 Δx_1 值，Δx_1 即为铁搭正面结构在横线路方向的倾斜值。

将经纬仪移至铁塔背面的线路中线某点上安置，重复上述"横线路方向倾斜值"的观测方法，并测量出铁塔背面结构在横线路方向上的倾斜值 Δx_2，如图 5-31 所示。则铁塔本体结构横线路方向倾斜值为

当 Δx_1 与 Δx_2 各在中心桩的一侧时

$$\Delta x=(\Delta x_1-\Delta x_2)/2 \tag{5-31}$$

当 Δx_1 与 Δx_2 同在中心桩的一侧时

$$\Delta y=(\Delta x_1+\Delta x_2)/2 \tag{5-32}$$

2）顺线路方向倾斜值检查。再将经纬仪分别移至塔位桩两侧的横线路方向线上的某一点安置，使望远镜瞄准横担轴线上的任一点。然后缓慢地下旋望远镜视线，若铁塔侧面接腿处平口铁的中点 c 与竖丝重合，表明铁塔侧面结构无顺线路方向的倾斜。若铁塔侧面接腿处平口铁的中点 c 与竖丝不重合，则说明铁塔侧面结构有顺线路方向的倾斜。此时，应分别测出铁塔两侧的 c 点与竖丝间的距离 Δy_1 及 Δy_2 值。则铁塔本体结构在顺线路方向倾斜值为

当 Δy_1 与 Δy_2 各在中心桩的一侧时

$$\Delta y=(\Delta y_1-\Delta y_2)/2 \tag{5-33}$$

当 Δy_1 与 Δy_2 同在中心桩的一侧时

$$\Delta y=(\Delta y_1+\Delta y_2)/2 \tag{5-34}$$

3）整基铁塔结构倾斜值的计算为

$$结构倾斜值=\sqrt{\Delta x^2+\Delta y^2}/2 \tag{5-35}$$

第六节　弧垂观测和检查

一、观测和检查的目的

线路设计中，通过严格计算确定的弧垂值，即可保证对地、对被跨越物有充足的安全距离，又可保证线路应力在许可范围内。施工时，根据设计的弧垂值，计算出观测弧垂并进行严格观测和检查，才能确保施工质量及保证线路安全运行。

二、器材与用具

测量时所用的工具主要有经纬仪、弧垂板（弛度板）、望远镜、钢尺、计算器、铅笔等。

三、观测弧垂值的计算

弧垂的观测方法主要有异长法、等长法、角度法、平视法等，观测时有如图 5-32、图 5-33、图 5-34所示三种常见状态。首先，必须计算出各种情况的弧垂，然后才可加以观测。

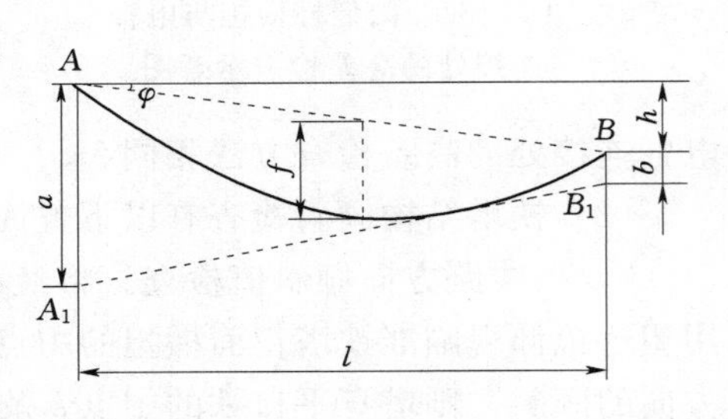

图 5-32　观测档内未联耐张绝缘子串图

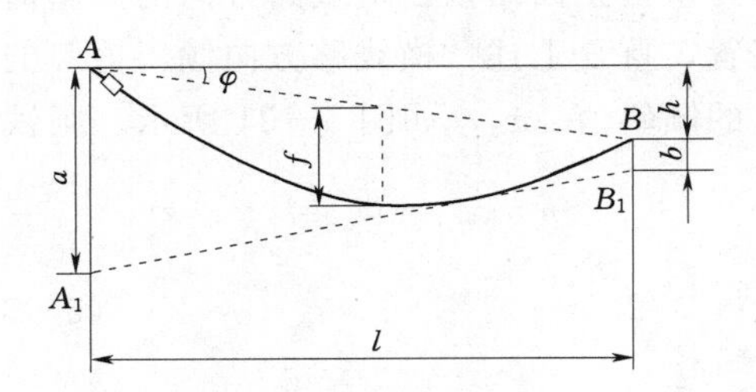

图 5-33　观测档内一端联耐张绝缘子串图

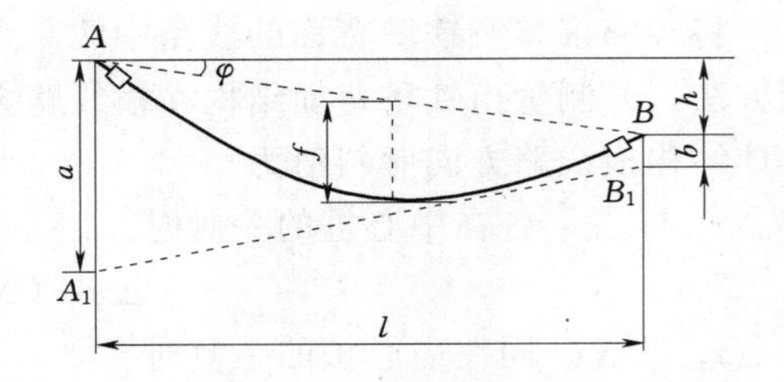

图 5-34　观测档内两端联耐张绝缘子串图

1. 观测档内未联耐张绝缘子串

$h<10\%l$ 时
$$f=f_0=\frac{gl^2}{8\sigma}=f_p\left(\frac{l}{l_p}\right)^2 \tag{5-36}$$

$h\geqslant10\%l$ 时
$$f=f_\varphi=\frac{gl^2}{8\sigma\cos\varphi}=\frac{f_p}{\cos\varphi}\left(\frac{l}{l_p}\right)^2=f_0\left[1+\frac{1}{2}\left(\frac{h}{l}\right)^2\right] \tag{5-37}$$

2. 观测档内一端联耐张绝缘子串

$h<10\%l$ 时
$$f=f_p\left(\frac{l}{l_p}\right)^2\left(1+\frac{\lambda^2}{l^2}\frac{g_0-g}{g}\right)^2=f_0\left(1+\frac{\lambda^2}{l^2}\frac{g_0-g}{g}\right)^2 \tag{5-38}$$

$h\geqslant10\%l$ 时
$$f=\frac{f_p}{\cos\varphi}\left(\frac{l}{l_p}\right)^2\left(1+\frac{\lambda^2\cos^2\varphi}{l^2}\frac{g_0-g}{g}\right)^2=f_\varphi\left(1+\frac{\lambda^2\cos^2\varphi}{l^2}\frac{g_0-g}{g}\right)^2 \tag{5-39}$$

3. 观测档内两端联耐张绝缘子串（孤立档）

$h<10\%l$ 时
$$f=f_0\left(1+4\frac{\lambda^2}{l^2}\frac{g_0-g}{g}\right) \tag{5-40}$$

$h\geqslant10\%l$ 时
$$f=f_\varphi\left(1+4\frac{\lambda^2\cos^2\varphi}{l^2}\frac{g_0-g}{g}\right) \tag{5-41}$$

式中 f——观测档的观测弧垂，m；

f_0——悬挂点高差 $h<10\%l$ 时，档距中点弧垂，m；

f_φ——悬挂点高差 $h\geqslant10\%l$ 时，档距中点弧垂，m；

f_p——代表档距下的弧垂，m；

h——两悬挂点的高差，m；

l_p——耐张段的代表档距，m；

l——观测档的档距，m；

φ——观测档架空线悬挂点的高差角；

σ——架空线的水平应力，N/mm^2；

g——架空线比载，$N/m\times mm^2$；

g_0——耐张绝缘子串的比载，$g_0=G/(\lambda S)$，$N/m\cdot mm^2$；

G——耐张绝缘子串的重量，N；

λ——耐张绝缘子串的长度，m；

S——架空线的截面积，mm^2。

上述计算中考虑了悬挂点高差 h，真正观测时还要考虑观测点的选择（低端、高端）、计算弧垂与观测弧垂时的气温差。

四、各观测方法原理和参数计算

1. 异长法

异长法是一种不用经纬仪观测弧垂的方法。观测时，用两块长约 2m、宽 10～15cm 红白相间的弧垂板水平地绑在杆塔上 A_1、B_1 处，其上边缘与 A_1、B_1 点重合。紧线时，观测人员目视（或用望远镜）两弧垂板的上边缘，当架空线与视线相切且稳定后（三点一线）即可，该切点处的垂度即为观测弧垂。弧垂 f 已计算，任选一点 A_1 求出 B_1 点位置即可观测。

（1）观测档内未联耐张绝缘子串的弧垂值，即

$h<10\%l$ 时
$$b=(2\sqrt{f_0}-\sqrt{a})^2 \tag{5-42}$$

$h\geqslant10\%l$ 时
$$b=(2\sqrt{f_\varphi}-\sqrt{a})^2 \tag{5-43}$$

（2）观测档内一端联耐张绝缘子串的弧垂值，即

1）在未联侧观测

$h<10\%l$ 时
$$b=(2\sqrt{f_0}-\sqrt{a})^2+4f_0\frac{\lambda^2}{l^2}\frac{g_0-g}{g} \tag{5-44}$$

$h\geqslant10\%l$ 时
$$b=(2\sqrt{f_\varphi}-\sqrt{a})^2+4f_\varphi\frac{\lambda^2\cos^2\varphi}{l^2}\frac{g_0-g}{g} \tag{5-45}$$

2）在连接处观测的弧垂值，即

$h<10\%l$ 时
$$b=\left(2\sqrt{f_0}-\sqrt{a-4f_0\frac{\lambda^2}{l^2}\frac{g_0-g}{g}}\right)^2 \tag{5-46}$$

$h\geqslant10\%l$ 时
$$b=\left(2\sqrt{f_\varphi}-\sqrt{a-4f_\varphi\frac{\lambda^2\cos^2\varphi g_0-g}{l^2}\frac{}{g}}\right)^2 \tag{5-47}$$

（3）观测档内两端联耐张绝缘子串（孤立档）的弧垂值，即

$h<10\%l$ 时
$$b=\left(2\sqrt{f_0}-\sqrt{a-4f_0\frac{\lambda^2}{l^2}\frac{g_0-g}{g}}\right)^2+4f_0\frac{\lambda^2}{l^2}\frac{g_0-g}{g} \tag{5-48}$$

$h\geqslant10\%l$ 时
$$b=\left(2\sqrt{f_\varphi}-\sqrt{a-4f_\varphi\frac{\lambda^2\cos^2\varphi g_0-g}{l^2}\frac{}{g}}\right)^2+4f_\varphi\frac{\lambda^2\cos^2\varphi g_0-g}{l^2}\frac{}{g} \tag{5-49}$$

式中　a——悬挂点 A 到弧垂板绑扎点 A_1 的垂直距离，m；

　　　b——悬挂点 B 到弧垂板绑扎点 B_1 的垂直距离，m。

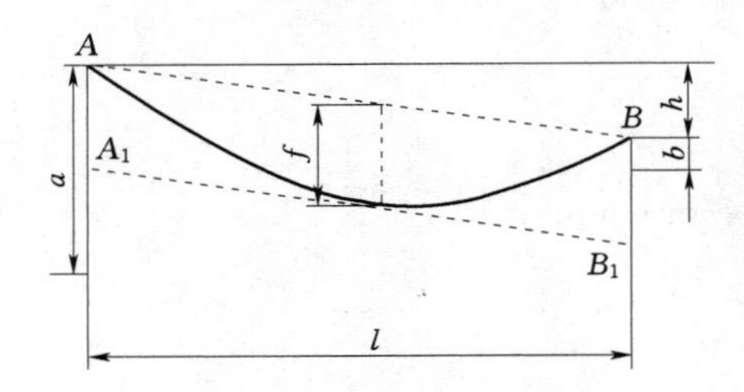

图 5-35　等长法观测弧垂示意图

2. 等长法

等长法又称平行四边形法，也是用弧垂板进行观测的。不过，在两杆塔上由悬挂点往下量取相同的垂直距离，即 $a=b=f$，如图 5-35 所示。ABA_1B_1 就形成了一个平行四边形。

紧线时，A_1、B_1 处各绑一弧垂板，其上边缘与 A_1、B_1 点重合。观测人员目视两弧垂板的上边缘，调整架空线张力，当架空线与视线相切且稳定时（三点一线）即可，该切点处的垂度即为观测弧垂。弧垂 f 值，根据具体情况选择以上公式计算。

3. 角度法

通过用测量仪器测竖直角来观测弧垂的一种方法，根据观测档的地形等情况，可以选取档端、档内、档外、档侧任一点、档侧中点等方法测量角度。

（1）档端观测，如图 5-36 所示。经纬仪安置在观测档的档端进行弧垂观测，称为档端观测。档端观测时，经纬仪安置好后 a 的值就可测出，再计算出竖直角 α 即可。观测时，将经纬仪竖直盘读数调正确，紧线时，架空线与望远镜中十字丝的横丝相切则可。

1）观测档内未联耐张绝缘子串的竖直角为

$h<10\%l$ 时
$$\alpha=\arctan\frac{\pm h+a-b}{l}=\arctan\frac{\pm h+a-(4f_0-4\sqrt{af_0}+a)}{l}=\arctan\frac{\pm h-4f_0+4\sqrt{af_0}}{l} \tag{5-50}$$

$h\geqslant10\%l$ 时
$$\alpha=\arctan\frac{\pm h+a-b}{l}=\arctan\frac{\pm h+a-(4f_\varphi-4\sqrt{af_\varphi}+a)}{l}=\arctan\frac{\pm h-4f_\varphi+4\sqrt{af_\varphi}}{l} \tag{5-51}$$

2）观测档内一端联耐张绝缘子串的竖直角为

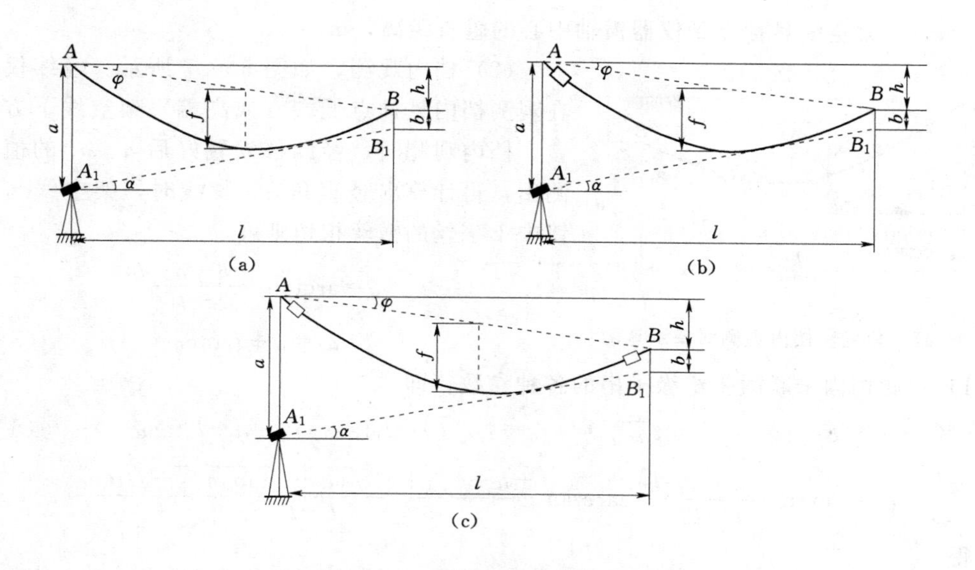

图 5-36　角度法档端观测弧垂示意图

(a) 未联耐张绝缘子串；(b) 一端联耐张绝缘子串；(c) 两端联耐张绝缘子串

在未联侧观测时的竖直角为

$h<10\%l$ 时
$$\alpha=\arctan\frac{\pm h-4f_0\left(1+\dfrac{\lambda^2}{l^2}\dfrac{g_0-g}{g}\right)+4\sqrt{af_0}}{l}\tag{5-52}$$

$h\geqslant 10\%l$ 时
$$\alpha=\arctan\frac{\pm h-4f_\varphi\left(1+\dfrac{\lambda^2\cos^2\varphi}{l^2}\dfrac{g_0-g}{g}\right)+4\sqrt{af_\varphi}}{l}\tag{5-53}$$

在连接处观测时的竖直角为

$h<10\%l$ 时
$$\alpha=\arctan\frac{\pm h-4f_0\left(1-\dfrac{\lambda^2}{l^2}\dfrac{g_0-g}{g}\right)+4\sqrt{\left(a-4f_0\dfrac{\lambda^2\cos^2\varphi}{l^2}\dfrac{g_0-g}{g}\right)f_0}}{l}\tag{5-54}$$

$h\geqslant 10\%l$ 时
$$\alpha=\arctan\frac{\pm h-4f_\varphi\left(1-\dfrac{\lambda^2\cos^2\varphi}{l^2}\dfrac{g_0-g}{g}\right)+4\sqrt{\left(a-4f_\varphi\dfrac{\lambda^2\cos^2\varphi}{l^2}\dfrac{g_0-g}{g}\right)f_\varphi}}{l}\tag{5-55}$$

3) 观测档内两端联耐张绝缘子串（孤立档）的竖直角为

$h<10\%l$ 时
$$\alpha=\arctan\frac{\pm h-4f_0+4\sqrt{\left(a-4f_0\dfrac{\lambda^2}{l^2}\dfrac{g_0-g}{g}\right)f_0}}{l}\tag{5-56}$$

$h\geqslant 10\%l$ 时
$$\alpha=\arctan\frac{\pm h-4f_\varphi+4\sqrt{\left(a-4f_\varphi\dfrac{\lambda^2\cos^2\varphi}{l^2}\dfrac{g_0-g}{g}\right)f_\varphi}}{l}\tag{5-57}$$

式中　α——观测竖直角；

　　h——两悬挂点的高差，仪器安置在低端时，h 前取“＋”号，反之取“－”号；

a——架空线悬挂点到仪器横轴中心的垂直距离，m。

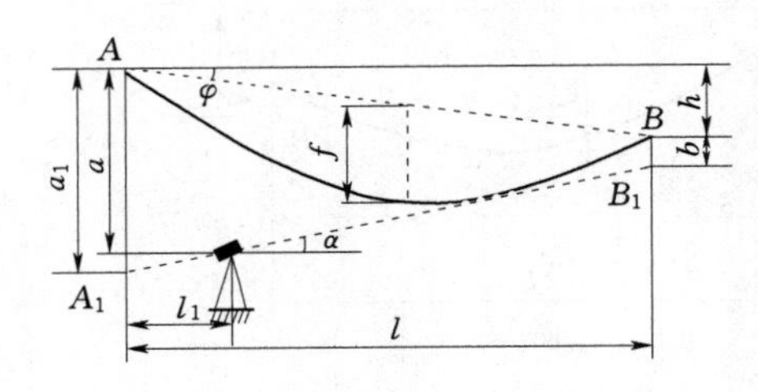

图 5-37 角度法档内观测弧垂示意图

（2）档内观测，如图 5-37 所示。经纬仪安置在观测档内悬挂点低端（或高端）架空线下方的位置。档内观测时，经纬仪安置好后 a、a_1 的值就可测出，再计算出竖直角 α。紧线时，架空线与望远镜中十字丝的横丝相切则可。

$$\alpha=\arctan\frac{\pm h+a-b}{l-l_1} \tag{5-58}$$

$$a_1=a+l_1\tan\alpha \tag{5-59}$$

1）观测档内未联耐张绝缘子串的各种参数，即

$h<10\%l$ 时 $\quad b=(2\sqrt{f_0}-\sqrt{a_1})^2=4f_0-4\sqrt{(a+l_1\tan\alpha)f_0}+a+l_1\tan\alpha \quad$ (5-60)

$$\alpha=\arctan\frac{\pm h+a-b}{l-l_1}=\arctan\frac{\pm h-4f_0+4\sqrt{(a+l_1\tan\alpha)f_0}-l_1\tan\alpha}{l-l_1}$$

化简得

$$\alpha=\arctan\left[-\frac{A}{2}+\sqrt{\left(\frac{A}{2}\right)^2-B}\right]$$

$$A=\frac{2}{l}\left(4f_0\pm h-\frac{8f_0l_1}{l}\right)$$

$$B=\frac{1}{l^2}[(4f_0\pm h)^2-16af_0]$$

$h\geqslant10\%l$ 时 $\quad b=(2\sqrt{f_\varphi}-\sqrt{a})^2=4f_\varphi-4\sqrt{(a+l_1\tan\alpha)f_\varphi}+a+l_1\tan\alpha \quad$ (5-61)

$$\alpha=\arctan\frac{\pm h+a-b}{l-l_1}=\arctan\frac{\pm h-4f_\varphi+4\sqrt{(a+l_1\tan\alpha)f_\varphi}-l_1\tan\alpha}{l-l_1}$$

化简得

$$\alpha=\arctan\left[-\frac{A}{2}+\sqrt{\left(\frac{A}{2}\right)^2-B}\right]$$

$$A=\frac{2}{l}\left(4f_\varphi\pm h-\frac{8f_\varphi l_1}{l}\right)$$

$$B=\frac{1}{l^2}[(4f_\varphi\pm h)^2-16af_\varphi]$$

2）观测档内一端联耐张绝缘子串（略）。

3）观测档内两端联耐张绝缘子串（略）。

（3）档外观测，如图 5-38 所示。经纬仪安置在观测档外架空线下方的位置。观测时，经纬仪安置好后 a、a_1 的值就可测出，再计算出竖直角 α；紧线时，架空线与望远镜中十字丝的横丝相切则可。

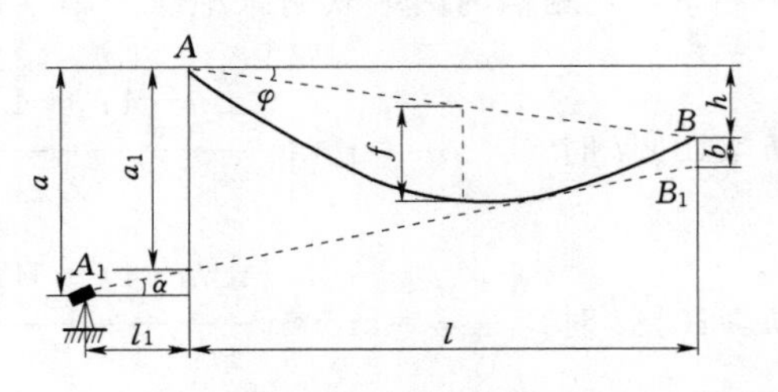

图 5-38 角度法档外观测弧垂示意图

$$\alpha=\arctan\frac{\pm h+a-b}{l+l_1} \tag{5-62}$$

$$a_1 = a - l_1 \tan\alpha \tag{5-63}$$

1）观测档内未联耐张绝缘子串的各种参数，即

$h<10\%l$ 时 $$b=(2\sqrt{f_0}-\sqrt{a_1})^2=4f_0-4\sqrt{(a-l_1\tan\alpha)f_0}+a-l_1\tan\alpha \tag{5-64}$$

$$\alpha=\arctan\frac{\pm h+a-b}{l-l_1}=\arctan\frac{\pm h-4f_0+4\sqrt{(a-l_1\tan\alpha)f_0}+l_1\tan\alpha}{l-l_1}$$

化简得

$$\alpha=\arctan\left[-\frac{A}{2}+\sqrt{\left(\frac{A}{2}\right)^2-B}\right]$$

$$A=\frac{2}{l}\left(4f_0\pm h+\frac{8f_0l_1}{l}\right)$$

$$B=\frac{1}{l^2}[(4f_0\pm h)^2-16af_0]$$

$h\geqslant 10\%l$ 时 $$b=(2\sqrt{f_\varphi}-\sqrt{a})^2=4f_\varphi-4\sqrt{(a-l_1\tan\alpha)f_\varphi}+a-l_1\tan\alpha \tag{5-65}$$

$$\alpha=\arctan\frac{\pm h+a-b}{l-l_1}=\arctan\frac{\pm h-4f_\varphi+4\sqrt{(a-l_1\tan\alpha)f_\varphi}+l_1\tan\alpha}{l-l_1}$$

化简得

$$\alpha=\arctan\left[-\frac{A}{2}+\sqrt{\left(\frac{A}{2}\right)^2-B}\right]$$

$$A=\frac{2}{l}\left(4f_\varphi\pm h+\frac{8f_\varphi l_1}{l}\right)$$

$$B=\frac{1}{l^2}[(4f_\varphi\pm h)^2-16af_\varphi]$$

2）观测档内一端联耐张绝缘子串（略）。

3）观测档内两端联耐张绝缘子串（略）。

4. *平视法*

当线路经过大高差、大档距和特殊地形，上述方法不能观测弧垂时，可采用平视法，就是用水准仪或经纬仪使望远镜视线水平来观测弧垂的方法。如图 5-39 所示，仪器安置在小平视弧垂附近的 P 点，欲设仪器高度 i，使仪器视线到两侧架空线悬挂点的垂直距离等于 f_1 和 f_2，即精确地测定弧垂观测点地面到近仪器侧架空线悬挂点高差 H_1、到远仪器侧架空线悬挂点高差 H_2。$H_1=i+f_1$，$H_2=i+f_2$。

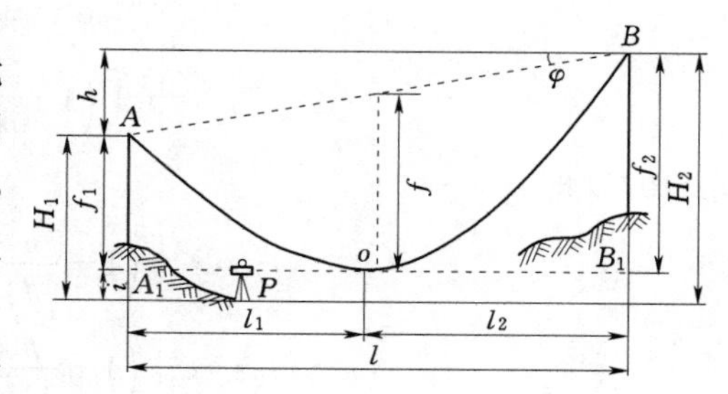

图 5-39　平视法观测弧垂示意图

（1）观测档内未联耐张绝缘子串的平视弧垂，即

$h<10\%l$ 时 $$f_1=f_0\left(1-\frac{h}{4f_0}\right)^2\quad f_2=f_0\left(1+\frac{h}{4f_0}\right)^2 \tag{5-66}$$

$h\geqslant 10\%l$ 时 $$f_1=f_\varphi\left(1-\frac{h}{4f_\varphi}\right)^2\quad f_2=f_\varphi\left(1+\frac{h}{4f_\varphi}\right)^2 \tag{5-67}$$

（2）观测档内一端联耐张绝缘子串的平视弧垂，即

1）绝缘子串在高悬挂点侧的平视弧垂，即

$h<10\%l$ 时

$$f_1=f_0\left(1+\frac{\lambda^2}{l^2}\frac{g_0-g}{g}-\frac{h}{4f_0}\right)^2$$
$$f_2=f_0\left[\left(1+\frac{\lambda^2}{l^2}\frac{g_0-g}{g}+\frac{h}{4f_0}\right)^2-\frac{h}{f_0}\frac{\lambda^2}{l^2}\frac{g_0-g}{g}\right] \tag{5-68}$$

$h\geqslant10\%l$ 时

$$f_1=f_\varphi\left(1+\frac{\lambda^2\cos^2\varphi}{l^2}\frac{g_0-g}{g}-\frac{h}{4f_\varphi}\right)^2$$
$$f_2=f_\varphi\left[\left(1+\frac{\lambda^2\cos^2\varphi}{l^2}\frac{g_0-g}{g}+\frac{h}{4f_\varphi}\right)^2-\frac{h}{f_\varphi}\frac{\lambda^2\cos^2\varphi}{l^2}\frac{g_0-g}{g}\right] \tag{5-69}$$

2）绝缘子串在低悬挂点侧的平视弧垂，即

$h<10\%l$ 时

$$f_1=f_0\left[\left(1+\frac{\lambda^2}{l^2}\frac{g_0-g}{g}-\frac{h}{4f_0}\right)^2+\frac{h}{f_0}\frac{\lambda^2}{l^2}\frac{g_0-g}{g}\right]$$
$$f_2=f_0\left(1+\frac{\lambda^2}{l^2}\frac{g_0-g}{g}+\frac{h}{4f_0}\right)^2 \tag{5-70}$$

$h\geqslant10\%l$ 时

$$f_1=f_\varphi\left[\left(1+\frac{\lambda^2\cos^2\varphi}{l^2}\frac{g_0-g}{g}-\frac{h}{4f_\varphi}\right)^2+\frac{h}{f_\varphi}\frac{\lambda^2\cos^2\varphi}{l^2}\frac{g_0-g}{g}\right]$$
$$f_2=f_\varphi\left(1+\frac{\lambda^2\cos^2\varphi}{l^2}\frac{g_0-g}{g}+\frac{h}{4f_\varphi}\right)^2 \tag{5-71}$$

（3）观测档内两端联耐张绝缘子串

$h<10\%l$ 时

$$f_1=f_0\left[\left(1-\frac{h}{4f_0}\right)^2+4\frac{\lambda^2}{l^2}\frac{g_0-g}{g}\right]$$
$$f_2=f_0\left[\left(1+\frac{h}{4f_0}\right)^2+4\frac{\lambda^2}{l^2}\frac{g_0-g}{g}\right] \tag{5-72}$$

$h\geqslant10\%l$ 时

$$f_1=f_\varphi\left[\left(1-\frac{h}{4f_\varphi}\right)^2+4\frac{\lambda^2\cos^2\varphi}{l^2}\frac{g_0-g}{g}\right]$$
$$f_2=f_\varphi\left[\left(1+\frac{h}{4f_\varphi}\right)^2+4\frac{\lambda^2\cos^2\varphi}{l^2}\frac{g_0-g}{g}\right] \tag{5-73}$$

式中 f_1——小平视弧垂，m；

f_2——大平视弧垂，m。

五、各观测方法步骤

1. 确定观测档

根据杆位表确定各耐张段的观测档，计算代表档距。观测档的选择要求如下：

（1）耐张段的档数。耐张段在 5 档及以下时，选择靠近中间的一档；耐张段在 6～12 档时，靠近耐张段的两端各选一档；耐张段在 12 档以上时，靠近耐张段两端和中间各选一档。观测档的数量可以根据情况适当增加，但不能减少。

（2）观测档应选择在档距较大和悬挂点高差较小的档。

2. 选择计算公式

观测档弧垂计算并考虑“初伸长”的影响［如式（5－35）～式（5－40）所示］。

根据观测档内有、无连接耐张绝缘子串，连接一个还是两个；悬挂点的高差值是正或者负来选择合适的公式，并考虑“初伸长”的影响。

3. 选择合适的观测方法

观测方法为异长、等长、角度、平视。

对于档距较小、弧垂不大（弧垂最低点高于两杆塔根部连线）、架空线两悬挂点高差不大、地形较平坦的观测，一般采用异长法或等长法。操作简便，减少了现场的计算量（特别是等长法），但由于是目视（或望远镜）进行观测，精度不高，三点一线时会产生误差，影响弧垂。所以，对于档距大、弧垂大，以及架空线两悬挂点高差较大时，一般采用角度法观测。由于是用仪器测竖直角来观测弧垂，因而精度较高，操作也简单。根据观测档地形和弧垂情况，可选取档端、档内、档外、档侧任一点、档侧中点中任一种适当方法进行，档端法因计算工作量小，使用最多，当 $a<3f$ 时优先选用档端角度法。

当观测档存在大高差 h、大弧垂 f、大档距、特殊地形，且高差值小于 4 倍弧垂值（即 $h<4f$ ）时可以采用平视法观测弧垂。操作简便、计算工作量小、精度高，但要注意仪器的竖盘指标差，因为会影响视线的水平。

4. 计算因温度变化而对观测参数的影响

观测档弧垂是按紧线前气温计算的，紧线划印时的实际气温与它有差异，这个气温差便引起弧垂的变化 Δf。查出各耐张段代表档距的紧线前气温下的弧垂值 $f_{计}$ 和紧线时现场实际温度下的弧垂值 $f_{实}$，计算出 Δf，相应的观测参数变化值。

（1）异长法：弧垂板绑扎距离的变化值为 Δa

$$\Delta a=2\Delta f\sqrt{\frac{a}{f}} \tag{5-74}$$

（2）等长法：气温上升时弧垂板绑扎距离的变化值为

$$\Delta a=(1+\Delta f/f-\sqrt{1+\Delta f/f})f \tag{5-75}$$

气温下降时弧垂板绑扎距离的变化值为

$$\Delta a=4(\sqrt{1-\Delta f/f}-1+\Delta f/f)f \tag{5-76}$$

（3）角度法：根据现场温度计算新的观测角。

（4）平视法：温度变化引起观测竖直角的变化值为

$$\begin{aligned}\Delta\alpha=\arctan\Bigg\{&\left(\pm\frac{h}{l}-4\frac{f}{l}+8\frac{f}{l}\frac{x}{l}\right)+\Bigg[\left(\pm\frac{h}{l}-4\frac{f}{l}+8\frac{f}{l}\frac{x}{l}\right)^2\\&+\left(\pm 8\frac{h}{l}\frac{f}{l}+16\frac{f_1}{l}\frac{f}{l}-16\frac{f^2}{l^2}-\frac{h^2}{l^2}\right)\Bigg]^{\frac{1}{2}}\Bigg\}\end{aligned} \tag{5-77}$$

式中 f——气温变化后，架空线的弧垂计算值，m；

f_1——气温变化前，与仪器同侧的平视弧垂，m；

x——仪器安置点到近悬挂点的水平距离，m。

5. 观测弧垂

对于等长法和异长法，绑扎好弧垂板，紧线时一旦“三点成一线”应通知观测人员停止牵引，待架空线的摇晃基本稳定后再进行观察。

对于角度法和平视法，架好仪器，调好竖直角。一旦十字丝的横丝与架空线相切，即停止牵引，待架空线的摇晃基本稳定后再进行观察。

6. 观测注意事项

(1) 当档紧线时，由于放线滑车的摩擦阻力，往往是前面弧垂已满足要求而后侧还未达到。因此，在弧垂观察时，应先观察距操作（紧线）场地较远的观察档，使之满足要求，然后再观察、调整近处观测档弧度。

(2) 当多档紧线时，几个弧垂观测档的弧垂不能都达到各自要求值时，如弧垂相差不大，对两个观测档的按较远的观测档达到要求为准；3 个观察档的则以中间一个观测档达到要求为准。如弧垂相差较大，应查找原因后再作处理。

(3) 对复导线的弧垂观察，应采用仪器进行，以免因眼看弧垂的误差较大，造成复导线两线距离不匀。

(4) 观测弧垂时，应顺着阳光且宜从低处向高处观察，并尽可能选择前方背景较清晰的位置观察。

(5) 观测弧垂应在白天进行，如遇大风、雾、雪等天气影响弧垂观测时，应暂停观测。

第六章　全站仪和GPS的应用

第一节　全站仪的功能和使用

一、了解全站仪的功能和使用目的

（1）熟练掌握全站仪各部分结构、名称和功能。

（2）练习全站仪的安置、整平、照准、装配反射棱镜、支架高度调节、棱镜方向调节。

（3）掌握全站仪的测角、测距、测高差、电子计算和数据存储、高差和高程的计算方法。

二、器材与用具

测量时所用的工具主要有全站仪、反射棱镜、标杆、觇板、温度计、气压计等。

三、全站仪介绍

（一）全站仪

全站仪的结构和组成，如图6-1所示。

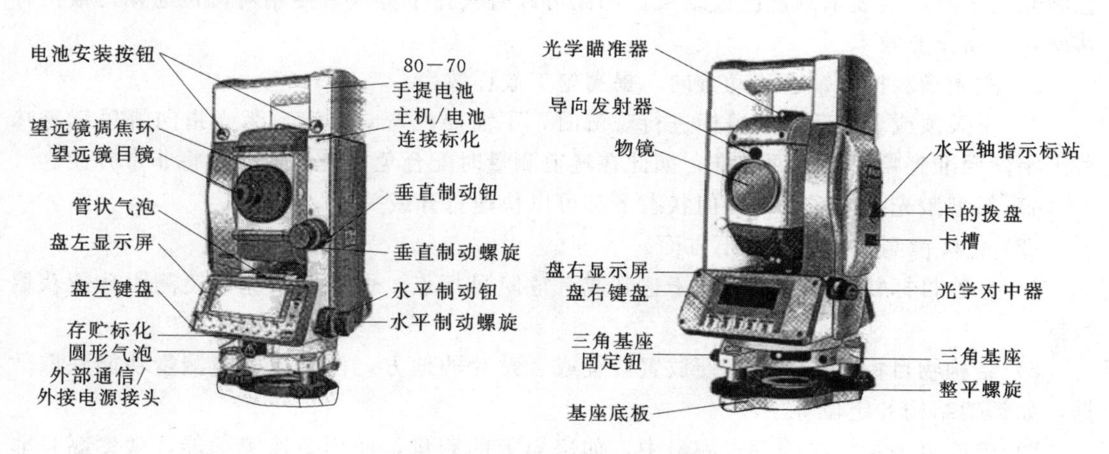

图6-1　全站仪结构和组成图

全站仪主要由电子测角系统、电子测距系统和控制系统3大部分组成。

电子测角系统完成水平方向和垂直方向角度的测量。

电子测距系统完成仪器到目标之间斜距的测量。

控制系统负责测量过程控制、数据采集、误差补偿、数据计算、数据存储、通信传输等。

（二）全站仪功能

全站仪是全站型电子速测仪的简称。将电磁波测距仪和光学经纬仪组合在一起的仪器笼统地称之为“电子速测仪”。随着电子测角技术在经纬仪中的广泛应用，出现了电子经纬仪，人们自然地又把电磁波测距仪和电子经纬仪进行一体化设计，并对其功能不断完善：电子改正（补偿）、电子记录、电子计算等，这才是今天意义上的全站型电子速测仪。

1. 基本功能

全站型电子速测仪是由电子测角（水平角和垂直角）、电子测距（水平距离和倾斜距离）、高差、电子计算和数据存储单元等组成的三维坐标测量系统，测量结果能自动显示，并能与外围设备交换信息。由于全站型电子速测仪较完善地实现了测量和处理过程的电子化和一体化，所以人们也通常简称为全站仪。

将全站仪安置于测站，开机时仪器先进行自检，观测员完成仪器的初始化设置后，全站仪一般先进入测量基本模式或上次关机时的保留模式。在基本测量模式下，可适时显示出水平角和垂直角。照准棱镜，按距离测量键，数秒钟后，完成距离测量，并根据需要显示出水平距离或高差或斜距。全站仪除了具有同时测距、测角的基本功能外，还具有三维坐标测量、后方交会测量、对边测量、悬高测量、施工放样测量等高级功能。

2. 特殊功能

除了基本功能外，全站仪还具有自动进行温度、气压、地球曲率等改正功能。部分全站仪还具有下列特殊功能。

(1) 红色激光指示功能有以下方面：

1）提示测量：当持棱镜者看到红色激光发射时，就表示全站仪正在进行测量；当红色激光关闭时，就表示测量已经结束，如此可以省去打手势或者使用对讲机通知持棱镜者移站，提高作业效率。

2）激光指示持棱镜者移动方向，提高施工放样效率。

3）对天顶或者高角度的目标进行观测时，不需要配弯管目镜，激光指向哪里就意味着十字丝照准到哪里，方便瞄准，如此在隧道测量时配合免棱镜测量功能将非常方便。

4）新型激光指向系统，任何状态下都可以快速打开或关闭。

(2) 免棱镜测量功能有以下方面：

1）危险目标物测量。对于难于达到或者危险目标点，可以使用免棱镜测距功能获取数据。

2）结构物目标测量。在不便放置棱镜或者贴片的地方，使用免棱镜测量功能获取数据，如钢架结构的定位等。

3）碎部点测量。在碎部点测量中，如房角等的测量，使用免棱镜功能，效率高且非常方便。

4）隧道测量中由于要快速测量，放置棱镜很不方便，使用免棱镜测量就变得非常容易及方便。

5）变形监测。可以配合专用的变形监测软件，对建筑物和隧道进行变形监测。

四、全站仪测量步骤

用全站仪进行控制测量，其基本原理与经纬仪进行控制测量相似，所不同的是全站仪能在一个测站上同时完成测角和测距工作。由于全站仪一般都有自动记录测量数据的功能，因此，外业测量数据不必用表格记录，为便于查阅和认识全站仪的测量过程也可用表格记录。一个测站上全站仪测量过程如下：

1. 开箱

开箱时，握住手提电池将仪器从箱中取出。然后轻拿仪器，防止受冲击或受强烈震动。（装箱时仪器连同安装好的电池一起装箱，令望远镜处于盘左位置。盘左键盘下边的存储表记与基座固定钮上的标志对齐紧固定按钮，再小心把仪器装入箱内）。

2. 安置仪器

与经纬仪的安置步骤一致——装上仪器前务必拧紧脚架螺旋，防止摔坏仪器。装上仪器后，务必拧紧中心擎动螺旋，防止仪器摔落。

（1）对中。用垂球或光学对中仪器。

（2）整平。

3. 照准

与经纬仪的照准步骤也一致。只是目镜对光是转动屈光度调整环，直至看到分划板十字丝非常清晰。

（1）装配反射棱镜。如图 6－2 所示，装配反射棱镜。

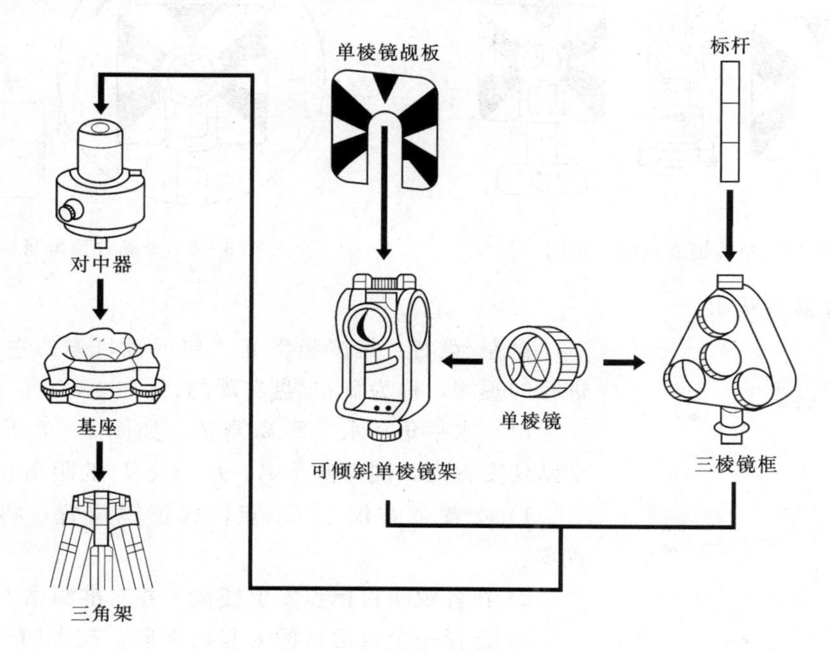

图 6－2　装配反射棱镜图

（2）支架高度调节。支架高度可以通过上下滑动棱镜框承载装置调节，为了调整支架高度，拧脱高度调整螺钉，把棱镜框安到调整孔内，然后转上高度调整螺钉固定稳妥。如图 6-3 所示。

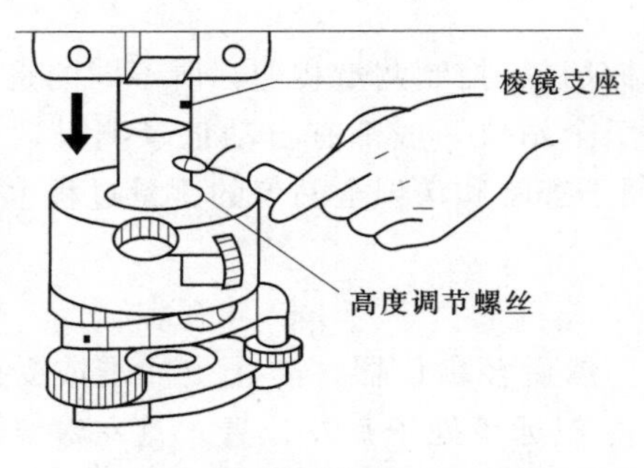

图 6-3　调节支架高度示意图

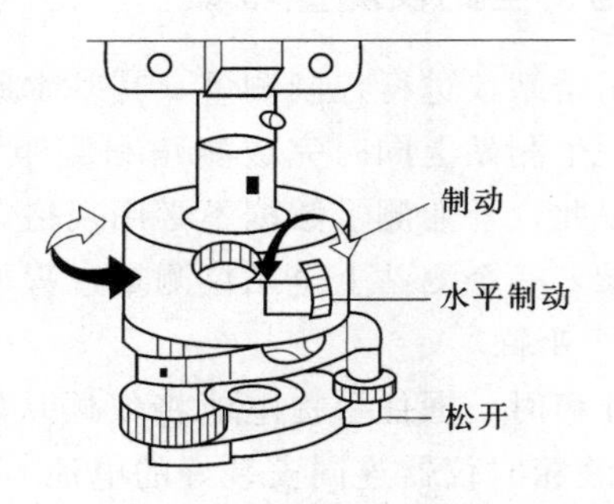

图 6-4　调节棱镜方向图

（3）棱镜方向调节。支架上的棱镜可以朝向水平面上的任何方向。为了改变方向，反时针方向拨动制动钮松开后，旋转支架至棱镜所需位置，再顺时针方向拧紧制动钮。如图 6-4 所示。

单棱镜觇板的定位：用提供的两个螺丝把觇板安在单棱镜框上，如图 6-5 所示。觇板定位时，应调整到使觇板上的楔形图的尖端对准棱镜和支架的中心。三棱镜框也可以做单棱镜框用，只要把单棱镜装在镜框中心的螺丝上即可。最终瞄准后，如图 6-6 所示。

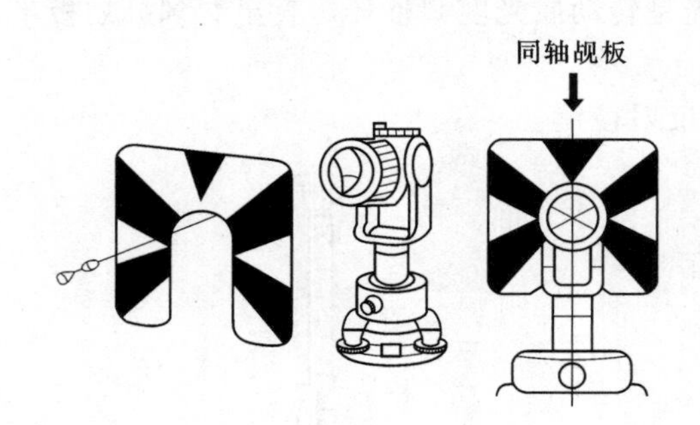

图 6-5　单棱镜觇板的定位图

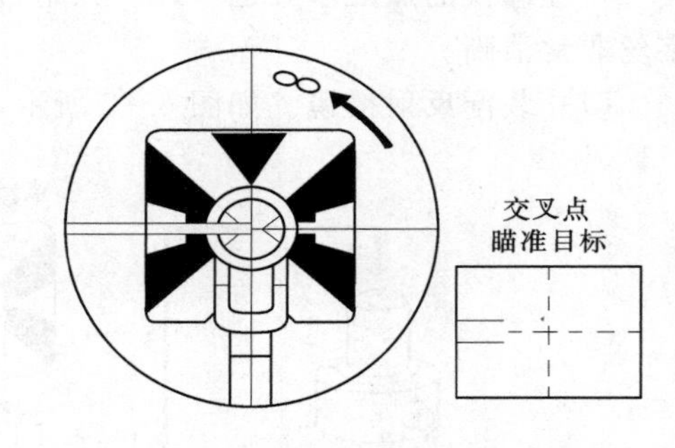

图 6-6　全站仪照准目标图

4. *盘左盘右*观测

盘左/盘右：是按竖盘处于望远镜目镜的左边/右边所进行的观测，称为盘左/盘右观测。

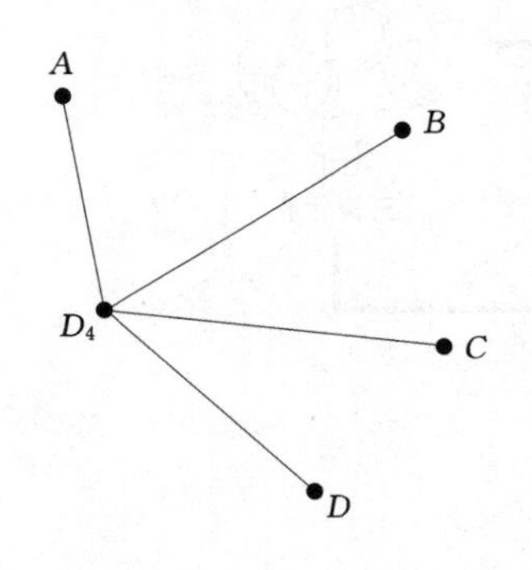

图 6-7　全站仪观测图

（1）水平角和水平距离测量，如图 6-7 所示，D_4 为全站仪安置点，同时测至 A、B、C、D 的距离和水平角。

1）安置全站仪于 D_4 点，成正镜位置，将水平度盘置零。

2）在各观测目标点安置棱镜，并对准测站方向。

3）选择一个较远目标为起始方向，按顺时针方向依次瞄准各棱镜 $ABCD$ 并测量水平角、水平距离，最后回到 A 点，完成上半测回测量。

4）倒转望远镜成倒镜位置，按逆时针方向依次瞄准各棱镜 $ADCB$ 并测量水平角、水平距离，最后回到 A 点，完成下半测回测量。

5）观测成果计算。

（2）三维坐标测量。将测站 A 坐标、仪器高和棱镜高输入全站仪中，后视 B 点并输入其坐标或后视方位角，完成全站仪测站定向后，瞄准 P 点处的棱镜，经过观测觇牌精确定位，按测量键，仪器可显示 P 点的三维坐标。

（3）后方交会测量。将全站仪安置于待定上，观测两个或两个以上已知的角度和距离，并分别输入各已知点的三维坐标和仪器高、棱镜高后，全站仪即可计算出测站点的三维坐标。由于全站仪后方交会既测角度，又测距离，多余观测数多，测量精度也就较高，也不存在位置上的特别限制，因此，全站仪后方交会测量也可称作自由设站测量。

（4）对边测量。在任意测站位置，分别瞄准两个目标并观测其角度和距离，选择对边测量模式，即可计算出两个目标点间的平距、斜距和高差，还可根据需要计算出两个点间的坡度和方位角。

（5）悬高测量。要测量不能设置棱镜的目标高度，可在目标的正下方或正上方安置棱镜，并输入棱镜高。瞄准棱镜并测量，再仰视或俯视瞄准被测目标，即可显示被测目标的高度，如图 6-8 所示。

（6）坐标放样测量。安置全站仪于测站，将测站点、后视点和放样点的坐标输入全站仪中，置全站仪于放样模式下，经过计算可将放样数据（距离和角度）显示在液晶屏上，照准棱镜后开始测量，此时，可将实测距离与设计距离的差、实测量角度与设计角度的差、棱镜当前位置与放样位置的坐标差显示出来，观测员依据这些差值指挥施尺员移动方向和距离，直到所有差值为零，此时棱镜位置就是放样点位。

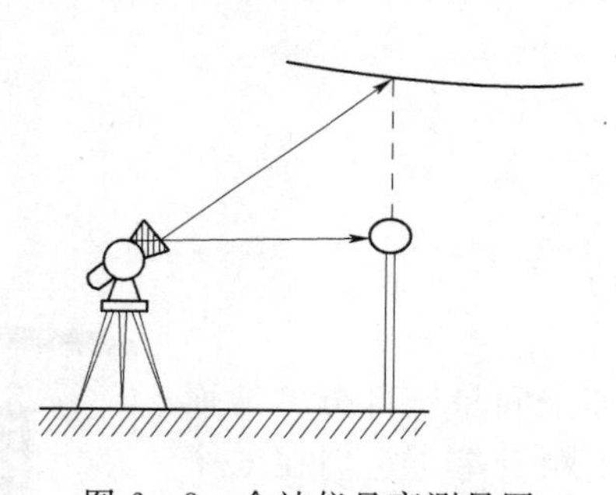
图 6-8　全站仪悬高测量图

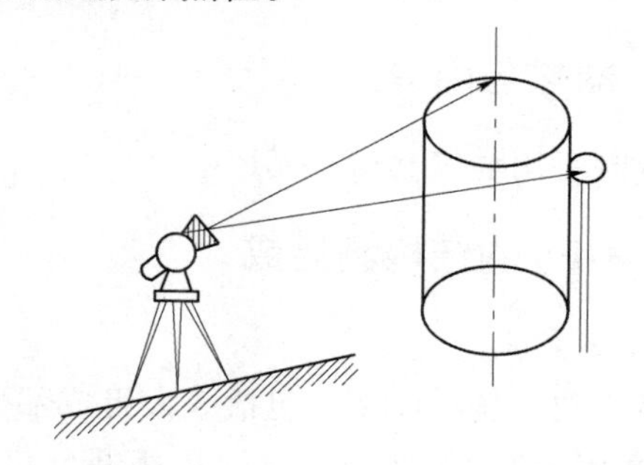
图 6-9　全站仪偏心测量图

（7）偏心测量。若测点不能安置棱镜或全站仪直接观测不到测点，可将棱镜安置在测点附近通视良好、便于安置棱镜的地方，并构成等腰三角形。瞄准偏心点处的棱镜并观测，再旋转全站仪瞄准原先测点，全站仪即可显示出所测点位置，如图 6-9 所示。

五、全站仪的维护

（1）使用仪器之前，应检查电池电压及仪器的各种工作状态，观察是否正常，如发现异常，应立即报告，不得继续使用，更不得随意动手拆修。

（2）全站仪为特殊贵重仪器，在使用时必须由小组专人负责。

(3) 仪器的电缆接头，在使用前应弄清构造，不得盲目的乱拧乱拨。

(4) 仪器的光学部分及反光镜严禁手摸，不得用粗糙物品擦拭。如有灰尘，宜用软毛刷刷净；如有油污，可用脱脂棉蘸酒精、乙醚混合液擦拭。

(5) 仪器避免日光持续曝晒或靠近车辆热源，以免降低效率。在阳光下使用时必须打伞，以免曝晒影响仪器性能。

(6) 发射及接收物镜严禁对准太阳，以免将管件烧坏。

(7) 仪器应严格防潮、防尘、防震，雨天及大风沙时不得使用。工作过程中搬移测站时，仪器必须卸下装箱，或装入专用背架，不得装在脚架上搬动。

(8) 长途搬运时，必须将仪器装入减震箱内，且由小组专人护送。

(9) 仪器在不工作时，应立即将电源开关关闭。

(10) 仪器在不用时应经常通电，以防元件受潮。电池应该存放在温度低于 30°的地方，高温或过湿会使透镜长霉并降低电子部件性能，导致仪器发生故障。电池应定时充电，但充电不宜过量，以免损坏电池。

第二节　全球定位系统（GPS）测量

一、测量目的

(1) 熟练掌握 GPS 仪器各部分结构、名称和功能。

(2) 熟悉 GPS 的各种操作，包括天线安置、连接电源电缆等。

(3) 掌握 GPS 的外业观测、数据处理。

二、器材与用具

测量时所用的工具就是 GPS。

三、GPS 的结构和组成

1. GPS 组成

全球定位系统（GPS）包括 3 大组成部分，即空间星座部分、地面监控部分和用户设备部分。空间星座部分包括 24 颗卫星，它们在 6 个近似圆形的轨道上运行，每颗卫星都可发出两种频率的无线电信号。这些信号中都加上了包括卫星的位置、状态等信息在内的调制。卫星的轨道参数等有用的信息都由地面跟踪控制部分加以测定，并发射到卫星上去。由接收机收到的卫星信号中可得到有关卫星位置的信息，从而求得卫星的三维坐标，因而可把卫星看作是在天上的坐标已知的控制点。

2. GPS 用户设备

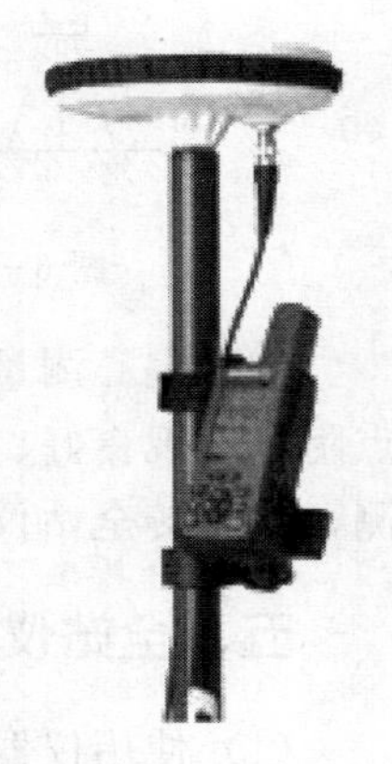

图 6-10　GPS 设备概貌图

用户设备主要是由 GPS 接收机、天线和信号处理器组成，如图 6-10 所示。用于接收和加工卫星发出的无线电信号，其中接收机和天线，是用户设备的核心部分。用户设备的主要任务是接受 GPS 卫星发射的无线电信号，以获得必要的定位信息及观测数据，并经数据处理而完成定位工作。

四、GPS的测量步骤

GPS测量工作主要分为外业工作和内业工作，其工作流程包括对所要观测电力线路进行整体实地考察、制定观测计划、外业采集数据、内业处理数据、绘制图纸。

1. GPS外业测量工作

在进行GPS测量之前，必须做好一切外业准备工作，以保证整个外业工作的顺利实施。外业准备工作一般包括测区的踏勘、资料收集、技术设计书的编写、设备的准备与人员安排、观测计划的拟订、GPS仪器的选择与检验。

GPS观测工作主要包括天线安置、观测作业、观测记录、观测成果的外业检核等四个过程。

(1) 选择基站点、埋石。由于GPS测量不需要点间通视，而且网的结构比较灵活，因此选点工作较常规测量要简便。但点位选择的好坏关系到GPS测量能否顺利进行，关系到GPS成果的可靠性，因此，选点工作十分重要。选点前，收集有关布网任务、测区资料、已有各类控制点、卫星地面站的资料，了解测区内交通、通信、供电、气象等情况。

1) 基站位置的选择应远离功率大的无线电发射台和高压输电线，以避免其周围磁场对GPS信号的干扰。

2) 观测点应设在易于安置接收设备的地方，且视野开阔，在视野周围障碍物的高度角一般应小于10°～15°，在此高度角上最好不要有障碍物，以免信号被遮档或吸收。

3) 基站附近不应有大面积的水域或对电磁波反射强烈的物体，以减少对路径的影响。

4) 对基线较长的GPS网，还应考虑基站附近有良好的通信设施和电力供应，以供观测站之间的联络和设备用电。

5) 基站最好选在交通便利的地方，并且便于用其他测量手段联测和扩展。

6) 基站架设完毕开机后，要找一个比较稳固的地方采集校验点，以便以后校正时使用。

(2) 安置天线。天线一般应尽可能利用三脚架直接安置在标志中心的垂直方向上，对中误差不大于3mm。架设天线不宜过低，一般应距地面1.5m以上。天线架设好后，在圆盘天线间隔120°方向上分别量取三次天线高，互差须小于3mm，取其平均值记入测量手簿。为消除相位中心偏差对测量结果的影响，安置天线时用软盘定向使天线严格指向北方。

(3) 外业观测。将GPS接收机安置在距天线不远的安全处，连接天线及电源电缆，并确保无误。按规定时间打开GPS接收机，输入测站名，卫星截止高度角，卫星信号采样间隔等。一个时段的测量工作结束后要查看仪器高和测站名是否输入，确保无误后再关机、关电源、迁站。为削弱电离层的影响，安排一部分时段在夜间观测。

对新线路进行测量，先采集转角杆杆位，如J_1、J_2、J_3等；然后利用GPS测量装置的线放样功能，依次在J_1和J_2，J_2和J_3等转角杆之间采集所需要的地形点、交叉跨越点的数据。

(4) 观测记录。外业观测过程中，所有的观测数据和资料都应妥善记录。观测记录主要由接收设备自动完成，均记录在存储介质（如磁带、磁卡或记忆卡等）上。记录的数据包括载波相位观测值及相应的观测历元、同一历元的测码伪距观测值、GPS 卫星星历及卫星钟差参数、大气折射修正参数、实时绝对定位结果、测站控制信息及接收机工作状态信息。

2. 内业处理观测数据

(1) 观测成果检核。观测成果的外业检核是确保外业观测质量和实现定位精度的重要环节。因此，外业观测数据在测区时就要及时进行严格检查，对外业预处理成果，按规范要求进行严格检查、分析，根据情况进行必要的重测和补测，确保外业成果无误后方可离开测区。对每天的观测数据及时进行处理，及时统计同步环与异步环的闭合差，对超限的基线及时分析并重测。

(2) 数据处理。GPS 测量数据处理是指从外业采集的原始观测数据到最终获得测量定位成果的全过程。大致可以分为数据的粗加工、数据的预处理、基线向量解算、GPS 基线向量网平差或与地面网联合平差等几个阶段。数据处理的基本流程如图 6-11 所示。图 6-12 中第一步数据采集和实时定位在外业测量过程中完成；数据的粗加工至基线向量解算一般用随机软件（后处理软件）将接收机记录的数据传输至计算机，进行预处理和基线解算；GPS 网平差可以采用随机软件进行，也可以采用专用平差软件包来完成。

1) 下载测量数据：将 GPS 手簿上的测量数据下载到计算机中。

2) 编辑数据：将不需要的数据点删除，然后将处理后的数据转换为绘图软件能够识别的文件类型。

3) 生成平面图：利用绘图软件将处理后的数据转换成平面图。

4) 生成平断面图：将平面图转换成标准格式的 GPS 数据，然后再将标准格式的 GPS 数据转换成平断面图。

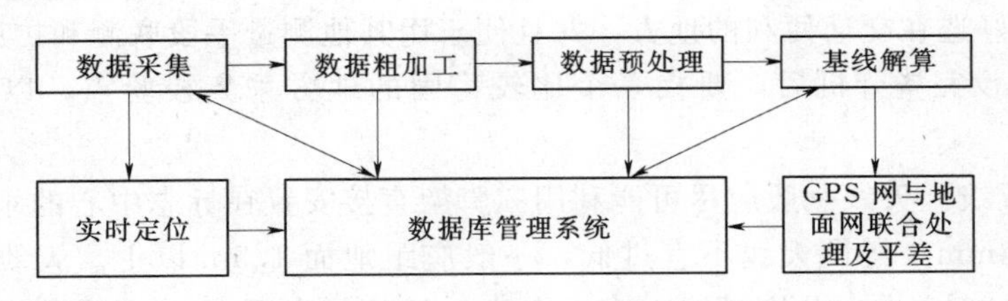

图 6-11　数据处理基本流程示意图

五、GPS 的特点

GPS 和传统的地面测量方法相比有以下特点：

(1) GPS 测量装置在进行线路测量时不受天气的影响。GPS 测量装置采用的是卫星定位原理，在进行观测工作时，可以在任何时间、任何地点连续地进行，特别是在视线不佳的天气或夜间仍能很好地工作，这是光学测量仪器所无法比拟的。

(2) GPS 精度上与精密地面测量的结果相当，且今后进一步提高的潜力还很大。

(3) GPS 控制网选点灵活，布网方便，基本不受通视、网形的限制，特别是在地形复杂、通视困难的测区，更显其优越性。但由于测区条件较差，边长较短（平均边长不到300m），基线相对精度较低，个别边长相对精度大于1/10000。因此，当精度要求较高时，应避免短边，无法避免时，要谨慎观测。在几百米的短距离内，要求得到精确的边长和角度值，使用GPS通常不如用测距仪或经纬仪来得迅速、准确。

（4）作业方便、速度快。GPS测量装置大大提高了在输电线路高程测量时的工作效率，简化了测量程序，缩短了测量时间。使用GPS可省去传统的造标工作，选点工作也大为简化；观测可在全天候条件下进行；接收机（测站点）的三维绝对坐标可即时得出；至于精确的相对坐标需在观测完成后，经过平差处理，才能求得。目前，已出现手持式小型接收机，空间绝对定位开始变成一项简单的工作。

（5）GPS测量装置对测量的数据具有存储功能，测量结束后通过绘图软件可以直接生成平面图和断面图，减小了绘图的工作量，提高了工作效率。

（6）GPS测量装置基本实现了自动化、智能化，且观测时间在不断减少，大大降低了作业强度，观测质量主要受观测时卫星的空间分布和卫星信号的质量影响。但由于个别点的选定受地形条件限制，如树木遮档等，影响对卫星的观测及信号的质量，需经重测后通过。因此，应严格按照有关要求选择基站位置，选择最佳时段观测，并注意手机、步话机等设备的影响。

（7）从长远看，经济上有利。目前，GPS接收机价格还较贵，然而随着产品的定型和批量生产以及市场的扩大，价格将迅速下降。

综合所述，可见，GPS系统的应用将使控制测量领域产生深刻的变革。然而GPS系统也有它的不足，因此，GPS系统不可能完全代替传统的测量手段。

第七章　现场练习项目

一、连续水准测量

(1) 拟定水准路线：

根据现场水准点和待测点位置，拟定合适的水准路线，并画出示意图。

（2）观测、记录和计算高差，并填入下表中。

日期：　　　　　天气：　　　　　仪器型号：　　　　　起始高程 $H=$ 　　m

记录者：　　　　　　　　　　班组：　　　　　　　　　　观测者：

单位：m

测站	测站点		后视读数 a	前视读数 b	高差 +	高差 −	高程	备注
	后							
	前							
	后							
	前							
	后							
	前							
	后							
	前							
	后							
	前							
	后							
	前							
	后							
	前							
	后							
	前							
	后							
	前							
	后							
	前							
	后							
	前							
	后							
	前							
验算	Σ		$\Sigma a=$	$\Sigma b=$	$\Sigma h_{+}=$	$\Sigma h_{-}=$		
			$\Sigma h=$		$\Sigma h=$			

注　$\Sigma a-\Sigma b=$　$\Sigma h_{+}-\Sigma h_{-}=$

（3）高差闭合差精度校验和调整，计算待测点高程，并将数据填入下表中。

日期：　　　　天气：　　　　仪器型号：　　　　起始高程 $H=$　　m

记录者：　　　　班组：　　　　观测者：

单位：m

点号	测站数	观测高差		高差修正值	修正后高差	高程	备注
		+	−				
Σ							
辅助计算							

二、水平角观测

（1）画出水平角示意图。

（2）水平角观测、记录并计算，将数据填入下表中。

日期：　　　　　　　　天气：　　　　　　仪器型号：

记录者：　　　　　　　班组：　　　　　　　　　　观测者：

测站	竖盘位置	目标	度盘读数			半测回角值			一测回角值			各测回平均角值			备注
			°	′	″	°	′	″	°	′	″	°	′	″	
	正														
	倒														
	正														
	倒														
	正														
	倒														
	正														
	倒														
	正														
	倒														

三、竖直角观测

（1）画出竖直角示意图。

（2）竖直角观测、记录并计算，将数据填入下表中。

日期：　　　　　　　　天气：　　　　　　仪器型号：

记录者：　　　　　　　班组：　　　　　　　　　　观测者：

测站	竖盘位置	目标	起始读数			竖盘读数			半测回角值			一测回角值			各测回角值		
			°	′	″	°	′	″	°	′	″	°	′	″	°	′	″
	正																
	倒																
	正																
	倒																
	正																
	倒																
	正																
	倒																
	正																
	倒																
	正																
	倒																
	正																
	倒																
	正																
	倒																
	正																
	倒																

四、视距和高差观测

(1) 画出视距和高差示意图。

(2) 视距和高差观测、记录并计算，将数据填入下表中。

日期：　　　　　　　　　天气：　　　　　　仪器型号：

记录者：　　　　　　　　班组：　　　　　　　　　观测者：　　　　　　　　单位：m

测站/仪高	测点	上丝读数	视距间隔	竖直盘读数			平均竖直角			水平距离	中丝读数	高差	标高
		下丝读数		°	′	″	°	′	″				

五、高度观测

日期：　　　　　　天气：　　　　　　仪器型号：

记录者：　　　　　班组：　　　　　　　　　　　　观测者：　　　　　　　　　　　　单位：m

测站 仪高	测站点 （塔尺）	上丝读数 下丝读数	视距间隔	竖直角读数			平均竖直角			水平距离	测点 （建筑物）	竖盘位置	竖盘读数			半测回角值			一测回角值			高度	备注
				°	′	″	°	′	″				°	′	″	°	′	″	°	′	″		
											建筑物上部C	正											
												倒											
											建筑物下部D	正											
												倒											
											建筑物上部C	正											
												倒											
											建筑物下部D	正											
												倒											

六、钢尺量距

（1）画出待测距离走向示意图。

（2）量距记录并计算，将数据填入下表中。

日期：　　　　　　　　　　天气：　　　　　　钢尺型号：

记录者：　　　　　　　　　班组：　　　　　　　　　　　　观测者：　　　　　　　单位：m

测量起止点	测量方向	整尺长	整尺数	余长	水平距离	往返较差	平均距离	精度

七、线路选定线测量

(1) 写出线路走向的要求。

(2) 画出选线依据及选定后线路示意图。

(3) 写出定线的步骤。

（4）桩间距离和高差的观测、记录和计算，并将数据填入下表。

日期：　　　　　　　　　　天气：　　　　　仪器型号：

记录者：　　　　　　　　　班组：　　　　　　　　　　观测者：　　　　　单位：m

测站/仪高	测点	上丝读数	视距间隔	竖直盘读数			平均竖直角			水平距离	中丝读数	高差	标高
		下丝读数		°	′	″	°	′	″				

八、平面测量

（1）写出平面测量的要求。

（2）写出平面测量的说明。

日期：　　　　　　天气：　　　　仪器型号：

记录者：　　　　　班组：　　　　　　　　　观测者：　　　　　　　　　　单位：m

测站/仪高	测点	上丝读数/下丝读数	视距间隔	竖直盘读数			平均竖直角			水平距离	中丝读数	高差	标高	水平盘读数			半测回角值			一测回角值			各测回平均角值			备注
				°	′	″	°	′	″					°	′	″	°	′	″	°	′	″	°	′	″	

日期：　　　　　　　　天气：　　　　　仪器型号：

记录者：　　　　　　　班组：　　　　　　　　　　　　观测者：　　　　　　　　　　　　单位：m

测站/仪高	测点	上丝读数/下丝读数	视距间隔	竖直盘读数			平均竖直角			水平距离	中丝读数	高差	标高	水平盘读数			半测回角值			一测回角值			各测回平均角值			备注
				°	′	″	°	′	″					°	′	″	°	′	″	°	′	″	°	′	″	

日期：　　　　天气：　　　　仪器型号：

记录者：　　　　班组：　　　　观测者：　　　　单位：m

测站/仪高	测点	上丝读数/下丝读数	视距间隔	竖直盘读数			平均竖直角			水平距离	中丝读数	高差	标高	水平盘读数			半测回角值			一测回角值			各测回平均角值			备注
				°	′	″	°	′	″					°	′	″	°	′	″	°	′	″	°	′	″	

九、断面测量

（1）写出断面测量的要求。

（2）断面测量说明。

1）写出中线纵断面的测量步骤。

2）写出边线纵断面的测量步骤。

3）写出横断面的测量步骤。

日期：　　　　　　天气：　　　　仪器型号：

记录者：　　　　　班组：　　　　　　　　　　观测者：　　　　　　　　　　单位：m

测站/仪高	测点	上丝读数/下丝读数	视距间隔	竖直盘读数			平均竖直角			水平距离	丝路长度	中丝读数	高　差	标　高	备注
				°	′	″	°	′	″						

日期：　　　　　　　天气：　　　　　　仪器型号：

记录者：　　　　　　班组：　　　　　　　　　　　　观测者：　　　　　　　　　　　　　　　　单位：m

测站/仪高	测点	上丝读数/下丝读数	视距间隔	竖直盘读数			平均竖直角			水平距离	丝路长度	中丝读数	高　差	标　高	备注
				°	′	″	°	′	″						

十、平断面图的绘制

(1) 写出绘制的要求。

(2) 写出绘制的说明。

平面图	
桩间距离	
里程	
档距	
杆塔位置	
耐张段长/代表档距	

平面图	
桩间距离	
里程	
档距	
杆塔位置	
耐张段长/代表档距	

平面图	
桩间距离	
里程	
档距	
杆塔位置	
耐张段长/代表档距	

十一、线路基础坑的测量

输电线路某处为一转角塔位，左转角 22°。现拟采用现场浇制的正方形基础，基础根开为 $15\sqrt{2}$m，此基础底座设计宽度为 $11\sqrt{2}/5$m，基础埋深为 $2\sqrt{2}$m，基础处地质为坚土（即 $f=0.15$，$e=\sqrt{2}/10$）。

（1）计算放样尺寸。

（2）现场分出此左转角和此转角塔的横担方向，写出步骤并画出示意图。

（3）现场分出此基础 4 个坑位，写出步骤并画出示意图。

十二、基础的操平找正

现场对上述基础 4 个底座进行操平找正，写出步骤并画出示意图。

十三、基础检查

(1) 写出现场观测基础偏移值。

1) 横线路方向的偏移值：

2) 顺线路方向的偏移值：

(2) 写出现场观测基础扭转值。

1) 横线路方向的扭转值：

2) 顺线路方向的扭转值：

十四、杆塔检查

一、双立柱杆（门型杆）

对现场一门型杆分别进行下列检查，记录现场数据并与设计数据相对照。

（1）结构根开检查。

（2）直线杆结构中心与中心桩间横线路方向位移检查。

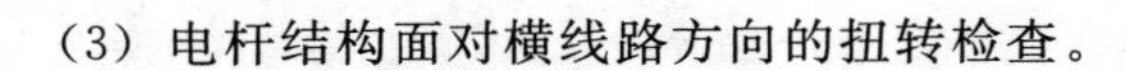

（3）电杆结构面对横线路方向的扭转检查。

（4）直线杆结构倾斜检查。

1）横线路方向倾斜检查。

2）顺线路方向倾斜检查。

3）计算整基杆的结构倾斜值。

（5）双立柱杆横担在与电杆连接处的高差检查。

二、铁塔

对现场一铁塔进行下列检查，记录现场数据并与设计数据相对照。

（1）写出铁塔横担的水平检查。

（2）铁塔结构倾斜检查。

1）写出横线路方向倾斜值检查。

2）写出顺线路方向倾斜值检查。

3）写出整基铁塔结构倾斜值的计算。

十五、弧垂观测与检查

(1) 确定各耐张段的观测档，写出依据并计算各耐张段的代表档距。

(2) 确定各参数值，计算观测档弧垂并计算“初伸长”。

(3) 根据现场情况选择合适的弧垂观测方法，写出依据。

(4) 测量现场温度，计算对弧垂的影响值。

(5) 计算弧垂观测的参数，写出观测步骤。

责任编辑　李　莉

ISBN 978-7-5084-5375-0
9 787508 453750
01 >

定价：28.00 元

销售分类：水利水电工程